Eva Derndorfer
Lebensmittelsensorik

Eva Derndorfer

# Lebensmittelsensorik

## 4., überarbeitete Auflage

**facultas.wuv**

**Dr. Eva Derndorfer** ist als Ernährungswissenschafterin mit Schwerpunkt Sensorik selbstständig tätig und Lehrbeauftragte an österreichischen Hochschulen.
Kontakt: eva@derndorfer.at; www.evaderndorfer.at

**Bibliografische Information Der Deutschen Nationalbibliothek**

Die Deutsche Nationalbibliothek verzeichnet diese Publikation in der Deutschen Nationalbibliografie; detaillierte bibliografische Daten sind im Internet über http://dnb.d-nb.de abrufbar.

Alle Angaben in diesem Fachbuch erfolgen trotz sorgfältiger Bearbeitung ohne Gewähr, eine Haftung der Autorin oder des Verlages ist ausgeschlossen.

4., überarbeitete Auflage 2012
© 2006 Facultas Verlags- und Buchhandels AG
facultas.wuv Universitätsverlag, A-1050 Wien
Satz und Druck: Facultas AG, Stolberggasse, 1050 Wien
Umschlagbild: © Dr. Eva Derndorfer & Dr. Andreas Baierl
Printed in Austria
ISBN 978-3-7089-0878-6

# Vorwort zur 4. Auflage

In der vierten Auflage wird die Sinnesphysiologie entsprechend dem Stand der Wissenschaft aktualisiert. Dabei wird u.a. detailliert auf Fett als potenzielle sechste Geschmacksrichtung, sowie auf den Gehörsinn im Zuge lebensmittelsensorischer Untersuchungen eingegangen.

Neue Methoden werden bei den beschreibenden Analysen vorgestellt. Diese versuchen den Faktor Zeit zu reduzieren, ohne dabei einen großen Qualitätsverlust der gewonnenen Daten hinzunehmen. Ergänzungen gibt es auch in der Qualitätskontrolle.

Juni 2012                                                     E. Derndorfer

# Inhaltsverzeichnis

# 1    Einleitung

## 1.1    Definition Sensorik

Der Begriff Sensorik wird im allgemeinen Sprachgebrauch oft anstelle des Begriffes Verkostung gewählt. Weinverkostungen bei Messen, wo unzählige Proben in kurzer Zeit probiert werden, Essigverkostungen für Genießer und dergleichen sind Beispiele für das ausgeprägte Interesse am Kosten. Von wissenschaftlicher SENSORIK und Methodik grenzen sich diese Verkostungen deutlich ab.

Tatsächlich handelt es sich bei Sensorik um wissenschaftliche Untersuchungen, die den Zusammenhang zwischen Produkten (Zutaten, Inhaltsstoffen) und deren Wahrnehmung und Bewertung mit den menschlichen Sinnen untersucht. Vor allem bei Lebensmitteln sind die sensorischen Eigenschaften ein sehr wesentliches Qualitätskriterium: Ein Produkt, das unangenehm riecht, schmeckt oder aussieht, wird nicht wieder gekauft.

Forschung im Bereich Sensorik ist im deutschsprachigen Raum noch weniger ausgeprägt als im angloamerikanischen Raum oder in Frankreich, gewann jedoch auch hier in den letzten Jahren an Bedeutung.

## 1.2    Anwendungsgebiete im Lebensmittel-Bereich

Lebensmittelsensorik ist nicht mehr ausschließlich auf Konzerne beschränkt, sondern wird in manchen kleinen und mittleren Unternehmen gezielt und erfolgreich in der Praxis angewandt. Die Produktentwicklung ist ein klassisches Einsatzgebiet der Lebensmittelsensorik. Ausgewählte und geschulte Testpersonen beschreiben Aussehen, Geruch, Geschmack, Textur und Nachgeschmack von Produktprototypen und bewerten die Intensitäten einzelner Attribute (sauer, bitter, etc.), während Konsumenten die Akzeptanz oder Präferenz für Produkte beurteilen. Aus der Zusammenführung beider Daten gewinnen die

Produktentwickler Aufschluss darüber, welche Produkteigenschaften wichtig sind, und können ihre Produkte entsprechend optimieren.

Qualitätsverbesserung bereits existierender Produkte, Kostenreduzierung unter Beibehaltung der sensorischen Qualität, Auswahl neuer Rohstoff-Lieferanten und Qualitätskontrolle sind weitere Bereiche, wo Sensorik in der Lebensmittelindustrie etabliert ist. Auch die Ermittlung der Mindesthaltbarkeit beinhaltet sensorische Beurteilungen. Letztlich ist der Einfluss von Verpackungsmaterialien auf Lebensmittel ein Untersuchungsthema.

Im Bereich der Marktforschung ist die Bestimmung der Akzeptanz beziehungsweise Präferenz zentraler Anwendungsbereich. Konsumenten können anhand ihrer Präferenzen in Gruppen segmentiert werden, dies ermöglicht strategische Planung und Optimierung des Produktportfolios. Neben der Befragung zu Akzeptanz oder Präferenz gibt es die Möglichkeit, Vorlieben aus Beobachtungen der Mimik abzuleiten.

Aus ernährungswissenschaftlicher Sicht kann Sensorikforschung hinsichtlich des Ernährungsverhaltens durchgeführt werden. Welche Ursachen es für Lebensmittelpräferenzen gibt, ist dabei ebenso relevant wie geschmackliche Vorlieben bei Adipositas.

Dieses Buch soll einen Überblick über alle wesentlichen Einsatzgebiete der Sensorik in der Lebensmittelindustrie geben. Zuvor werden die Grundlagen der Sinnesphysiologie erläutert.

# 2   Sinnesphysiologie

## 2.1   Sehsinn

### 2.1.1   Anatomische und physiologische Grundlagen

Das menschliche Auge kann mit einer Videokamera verglichen werden, da es ebenfalls ein Objektiv mit Entfernungseinstellung (bestehend aus einer starren Hornhaut und einer verstellbaren Augenlinse), eine Blende zur Regulierung des einfallenden Lichtes (= Regenbogenhaut um Pupille) und einen Bildträger („Film" = Netzhaut mit Rezeptoren) besitzt (Lippert et al. 2002: 347).
Die Netzhaut des Menschen weist zwei Arten von Photorezeptoren auf, Zapfen und Stäbchen. Sie wandeln Licht in ein elektrisches Signal um, das ans Gehirn weitergeleitet wird. Während wir mittels Zapfen Farben wahrnehmen können, reagieren Stäbchen auf Licht und sind daher für das Schwarz-Weiß-Sehen verantwortlich (Müri 2002: 17). Drei verschiedene Zapfentypen (K-, M- und L-Zäpfchen) sind für kurze, mittlere und langwellige Strahlungen empfindlich (Schönhammer 2009: 137). Insgesamt besitzt das menschliche Auge etwa 120 Millionen Stäbchen und 6 Millionen Zapfen (Grüsser und Grüsser-Cornehls 1997: 290). Neben Zapfen und Stäbchen gibt es ca. 3000 fotosensitive Ganglienzellen auf der Netzhaut (Schierz 2006). Sie beeinflussen u.a. den Tag-Nacht-Rhythmus (Wikipedia 2012).

### 2.1.2   Sensorische Prüfung

Für die sensorische Beurteilung von Produkten ist der Sehsinn von großer Bedeutung. Farbe, Form, Größe, Struktur, Trübheit oder Glanz sind Attribute, die mit den Augen erfasst werden, die Aufschluss über ein Produkt geben und eine gewisse Produkterwartung erzeugen: Beispielsweise kann die Farbe grün bei manchen Früchten mangelnde Reife signalisieren.

Das Auge kann Farben an sich gut voneinander unterscheiden (Hutchings 1999: 191). Die Fähigkeit, sich an Farben zu erinnern, ist jedoch beim Menschen relativ schwach ausgeprägt (Hutchings 1999: 105).

Wird die Farbe von Produkten sensorisch beurteilt, so müssen Prüfpersonen hinsichtlich ihres Farbsehvermögens getestet werden, da 1 von 12 Männern und 1 von 250 Frauen ein eingeschränktes Farbsehvermögen aufweisen (Joshi 2002). Außerdem verändern sich Farbempfinden und Sensitivität mit zunehmendem Alter: So sinkt die Fähigkeit, Gelbtöne zu unterscheiden, im Alter zwischen 60 und 90 Jahren ab, da in dieser Zeit die Augenlinse gelber wird (Yoshida 1997). 80-Jährige unterscheiden im blau-grünen Bereich schlechter als im gelb-roten (Wijk et al. 1997).

Zur Überprüfung des menschlichen Sehvermögens gibt es mehrere Testmöglichkeiten, als Beispiele seien der *Ishihara Test* oder der *Farnsworth Munsell 100 Hue Test* genannt. Beim *Ishihara Test* werden den Testpersonen farbige Tafeln mit Zahlen präsentiert, die diese erkennen sollen. Die Farbkombinationen sind dabei so gewählt, dass Personen auf diverse Farbseheinschränkungen überprüft werden können. Personen mit *Protanopie* nehmen rot nicht wahr, *Deuteranopie* oder Grünblindheit bedeutet, dass grün nicht wahrgenommen wird, und bei *Tritanopie* wird blau nicht wahrgenommen.

Die Sensibilität für unterschiedliche Farbintensitäten kann mit farbigen Lösungen, die in die richtige *Rangordnung* nach Intensität (von der hellsten bis zur dunkelsten Probe, z. B. von Rot) gebracht werden müssen, überprüft werden.

Das Auge kann durch die hervorgerufene Produkterwartung andere Sinne täuschen. In einer Studie wurde Chardonnay eingefärbt, um einmal als Rosé, einmal als Rotwein und einmal als Weißwein zu erscheinen. Die Farbe beeinflusste die wahrgenommene Intensität der Attribute: Der roséfarbene Wein wurde von ungeschulten Testern am fruchtigsten, aber mit dem wenigsten Körper, der wenigsten Reife und Komplexität bewertet. Rot gefärbt hatte der Wein den meisten Körper, die meiste Reife und Komplexität (Delwiche 2003). Will man Geruch oder Geschmack eines Produktes unter Ausschaltung visueller Beeinflussungen messen, können sensorische Prüfungen in einem ausgestatteten Sensoriklabor bei Rotlicht durchgeführt werden.

Blinde Menschen können nicht von der Produktfarbe beeinflusst werden. Durch das Fehlen optischer Sinnesreize wurde folglich spekuliert, ob blinde Menschen

dies mit besseren Sinnesleistungen anderer Sinnesorgane kompensieren können. In einer Studie wurde untersucht, ob blinde und sehende Prüfpersonen
unterschiedlich gut zwischen Produkten differenzieren können, die sich in
Geschmack, Textur oder beiden Modalitäten unterscheiden. Die Testpersonen
erhielten jeweils zwei unterschiedliche Proben Cracker, Leberpasteten, pulveri-
sierte Orangengetränke, Käse und Joghurts. Als Testmethoden wurden der *Dreieckstest* (Kapitel 6.4.1) und der *Difference from control test* (Kapitel 13.2.1) eingesetzt. Die Ergebnisse beider Gruppen waren in dieser Studie vergleichbar (Mucci
et al. 2005: 28–34) und weisen Spekulationen, ob blinde Menschen einen stärker ausgeprägten Geruch- oder Geschmackssinn haben, zurück.
Farben beeinflussen auch unser Konsumverhalten deutlich. Untersuchungen
zeigten, dass wir umso öfter zugreifen, je farbiger und variantenreicher unser
Essen ist. So konsumierten Versuchspersonen 69 % mehr von Gummibärchen,
wenn diese in sechs Farben gemischt in einer Schüssel angeboten wurden anstatt
farblich sortiert in separaten Schüsseln. Kinobesucher aßen um 43 % mehr Smar-
ties, wenn diese in zehn statt sechs verschiedenen Farben angeboten wurden
(Wansink und Kahn 2004: 519). Dieser Effekt lässt spekulieren, wie stark der Verzehr von Obst und Gemüse, die in vielen Farben vorliegen, durch bunte Farbkombinationen gesteigert werden könnte. Eigene Beobachtungen zeigten bei Kindern, dass Obst in Form von bunten Spießen zu einem höheren Verzehr führte.

### 2.1.3   Assoziationen mit Farben

Heller (2006) befragte 1888 Personen im Alter von 14–83 Jahren zu deren Farb-
empfindungen von Begriffen. Insgesamt wurden 200 Begriffe untersucht. Jede
Person nannte eine Farbe zu 40 Begriffen. Konnte sich eine Person bei einem
Begriff nicht für eine Farbe entscheiden, so konnte sie zwei Farben angeben.
Unter den Begriffen waren zahlreiche, für die Sensorik und Lebensmittelwis-
senschaften interessante Begriffe, wie das Aromatische, das Bittere, das Erfri-
schende, der Genuss, das Gesunde, das Herbe, das Leichte, das Milde, das Natürliche, das Salzige, das Saure, das Schwere, das Süße, das Verführerische oder die
Völlerei/die Unmäßigkeit.
Die Ergebnisse dieser Studie sind für die Produktentwicklung und Verpa-
ckungsgestaltung relevant. Als Beispiel sei das „Leichte" erwähnt: es wird vor

allem mit weiß (42 %), aber auch mit gelb (21 %) oder rosa (20 %) assoziiert. Entsprechend sollte ein leichtes Produkt in einer farblich adäquaten Verpackung angeboten werden, welche auch Leichtigkeit symbolisiert – wobei die Farbwahl selbstverständlich zur Marke passen muss.

Der „Genuss" wurde von 20 % mit der Farbe Gold assoziiert, von 17 % mit Violett, von 15 % mit Orange und 13 % mit rosa. Die Völlerei/die Unmäßigkeit wird – fast identisch zum Genuss – von 26 % mit braun, 16 % mit orange, 15 % mit violett und 14 % mit rosa in Verbindung gebracht.

Welche Farben mit welchen sensorischen Attributen assoziiert werden, hängt auch von den individuellen Verzehrsgewohnheiten ab. So beeinflusst die Konsumhäufigkeit von Wein, Obst und Gemüse unsere Assoziationen von Farbe und Flavour (Fink et al. 2009).

### 2.1.4 Auswirkungen von Umgebungsfarben

Eine neue Studie thematisierte den Einfluss der Geschirrfarbe im Zuge zweier Experimente (Genschow et al. 2012). Im ersten Teil erhielten die Probanden drei Softdrinks in durchsichtigen Bechern, welche mit den Codes A, B und C auf entweder roten oder blauen Stickern beschriftet wurden. Die Tester bewerteten die Akzeptanz der drei Getränke, und die konsumierte Menge wurde festgehalten. Der Konsum aller drei Getränke war geringer bei rotem Sticker, die Akzeptanz der Getränke war hingegen unabhängig von der Stickerfarbe. Im zweiten Experiment wurden Brezeln entweder auf weißem, blauem oder rotem Pappteller gereicht, während die Probanden einen Fragebogen ausfüllten. Auch hier konsumierten die Teilnehmer weniger Brezeln vom roten Teller als vom blauen oder weißen, die Akzeptanz war jedoch von allen Tellern gleich groß. Die Autoren schlossen daraus, dass Rot ein Stopp-Signal auszulösen scheint.

Auch die Umgebungsfarbe kann die Wahrnehmung eines Lebensmittels beeinflussen – nicht umsonst sind Sensorik-Labore in neutralen Tönen (weiß, beige, hellgrau) gehalten. Bei Wein zeigten Oberfeld et al. (2009), dass Konsumenten, die Riesling in einem schwarzen Weinglas bei roter oder blauer Beleuchtung verkosteten, der Wein besser schmeckte als jenen Probanden, die den gleichen Riesling bei grüner oder weißer Beleuchtung erhielten. Bei roter Beleuchtung waren die Konsumenten zudem bereit, am meisten zu zahlen.

### 2.1.5 Form und Menge

Neben der Farbe ist auch die Mengenschätzung eine sensorische Fragestellung: sieht dieselbe Menge eines Produktes in einer Verpackungsform mehr aus als in einer anderen? Wird die gleiche Menge eines Produktes (Gewicht) bei unterschiedlich starker Zerkleinerung als unterschiedlich viel wahrgenommen (z. B. Karotten im Ganzen, gewürfelt oder in feine Streifen geschnitten)? Letzteres wurde bereits untersucht, mit dem Ergebnis, dass fein geschnittene Lebensmittel mengenmäßig überschätzt werden (Wada et al. 2007).

Die Darbietungsform eines Lebensmittels kann auch Ekelempfindung auslösen. Schokoladepudding in Hundekotform wird von vielen Menschen abgelehnt (Degen 2005).

## 2.2 Geruchsinn

Der Geruchsinn ist ein chemischer Sinn, das heißt, er reagiert nicht auf physikalische Reize sondern auf chemische Substanzen.

### 2.2.1 Anatomische und physiologische Grundlagen

Gerüche werden nicht nur durch direktes Riechen eines Produktes (= *pronasal*), sondern auch während des Verzehrs eines Produktes (= *retronasal*) wahrgenommen, da eine direkte Verbindung zwischen Mundhöhle und Nasenhöhlen besteht und Geruchsmoleküle so von der Mundhöhle zur Riechschleimhaut der Nase aufsteigen. Die *retronasale* Geruchswahrnehmung wird oft mit Geschmack verwechselt: Wird ein Produkt beim Verzehr beispielsweise als fruchtig oder erdig empfunden, so ist das nicht auf den Geschmack, sondern auf die *retronasale* Geruchswahrnehmung zurückzuführen.

Dieser Zusammenhang von Geruch und Geschmack ist den wenigsten bekannt. Daher ist es nicht verwunderlich, dass der Großteil von 49 Studenten auf die Frage, welchen Ihrer Sinne sie am liebsten verlieren würden, wenn Sie einen wählen müssten, den Geruchssinn nannten (Van Toller 1999).

Die Riechschleimhaut (*Regio olfactoria*) im Dach der Nasenhöhlen des Menschen besitzt etwa 30 Millionen Riechzellen mit einer durchschnittlichen Lebensdauer von einem Monat. Neben Riechzellen befinden sich Stützzellen und Basalzellen im Riechepithel, wobei Basalzellen in neue Riechzellen ausdifferenzieren können (Hatt 1997: 322).

Riechzellen zählen zu den „primären Sinneszellen". Primäre Sinneszellen sind Neurone und bilden selbst Aktionspotenziale aus, während „sekundäre Sinneszellen" – wie z. B. die Sinneszellen des Geschmacks – keinen Nervenfortsatz haben und selbst keine Aktionspotenziale ausbilden, sondern ihre Signale über einen synaptischen Spalt an die anliegenden Nervenfasern weitergeben. Wir Menschen haben ca. 900 verschiedene Gene für Riechrezeptoren, wovon allerdings nur mehr knapp 350 aktiv sind. Dennoch sind wir in der Lage, eine Vielzahl an Düften zu unterscheiden. Rezeptoren sind mit Buchstaben des Alphabets vergleichbar: so wie 26 Buchstaben zahlreiche Wörter und Sätze bilden, bieten 350 Riechrezeptoren in unterschiedlicher Kombination entsprechend viele Möglichkeiten für Geruchseindrücke (Hatt und Dee 2008: 52). Der Geruch von Erdbeeren resultiert somit nicht aus der Reizung eines Erdbeerrezeptors, sondern aus der kombinierten Aktivierung mehrerer Rezeptoren. Jede der 30 Millionen Sinneszellen stellt nur einen der – exakt 347 – Rezeptoren her, d. h. jede Riechsinneszelle aktiviert nur eines der 347 Gene. Die Riechsinneszellen sind symmetrisch auf beide Nasenhöhlen verteilt (Hatt 2007: 27).

Gelangen Duftstoffe zur Riechschleimhaut, so müssen sie in der oberflächlichen Schleimschicht gelöst werden, um an die Rezeptoren zu gelangen. Nach Bindung des Duftstoffes an den Riechrezeptor wird auf der Innenseite der Zelle zuerst ein rezeptorgekoppeltes G-Protein sowie anschließend das Enzym Adenylatzyklase III aktiviert. Dadurch wird der sekundäre Botenstoff cAMP gebildet. Dieser aktiviert Kationenkanäle, und es kommt zum Einstrom von Na+ und Ca2+ in die Riechzelle. Das eingeströmte Ca2+ öffnet in Folge einen Cl--Ionenkanal, und Cl- strömt aus der Zelle. Es kommt zu einer Ladungsänderung (Witt und Hansen 2009: 18). In ausreichender Konzentration bewirken die Duftstoffe eine Depolarisierung, welche als Aktionspotenzial über die Nervenfortsätze der Riechzelle weitergeleitet wird. Das heißt, das chemische Duftsignal wird in ein elektrisches Signal umgewandelt.

Die Nervenfortsätze bündeln sich zu größeren Fäden (Fila olfactoria) und dringen durch das Siebbein, kleine Löcher im Schädelknochen, in den Riechkolben (Bulbus olfactorius) ein, der als vorgelagerter Hirnteil betrachtet wird. Synap-

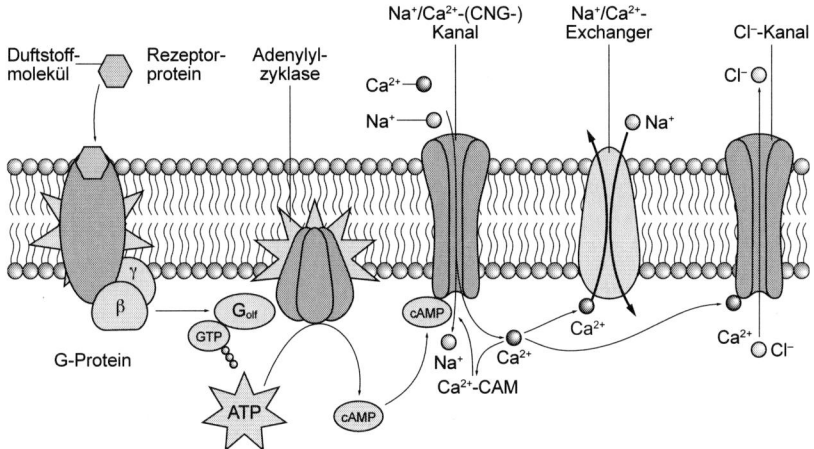

Abbildung 1: Wirkung der Duftstoffe an den Riechrezeptoren (modifiziert nach Witt & Hansen 2009: 19)

sen verbinden sie dort mit den Nervenzellen des Gehirns (Scharf 2000: 41, Baumann und Caversaccio 2002: 35–36). Zwischen den Riechrezeptorzellen und der Hirnrinde liegt somit nur eine einzige Synapse, im Bulbus olfactorius. Vom Bulbus olfactorius ziehen die Nerven weiter zum Riechhirn (= piriformer Kortex = primärer olfaktorischer Kortex). Für die emotionale Bewertung von Gerüchen sind das Limbische System mit Mandelkern (Amygdala) und Hippocampus als auch der Hypothalamus wichtig. Nervenimpulse laufen außerdem vom Riechhirn zum orbitofrontalen Kortex, wo auch Erregungen von Geschmacksreizen und anderen Sinnesreizen eingehen (Schönhammer 2009: 88f).

### 2.2.2    Riechtechnik bei sensorischen Prüfungen

Beim gewöhnlichen Einatmen gelangen nur 2 % der Atemluft zur Riechschleimhaut der Nase (Bücking 1999: 2). Durch „Schnüffeln" kann dieser Luftstrom verstärkt und können Gerüche intensiver wahrgenommen werden.
Der Grund dafür ist, dass wir normalerweise immer nur durch ein Nasenloch einatmen, und im Laufe eines Tage mehrmals zwischen den Seiten wechseln. Riech-

zellen können sich auf diese Weise erholen. Beim Schnüffeln werden jedoch kurzfristig beide Nasenlöcher gleichzeitig aktiviert (Hatt und Dee 2008: 48). Die Wahrnehmung von Gerüchen hängt außerdem von der Körperposition ab. Die Empfindlichkeit für Rosenduft (Phenylethylalkohol) ist im Sitzen deutlich höher als im Liegen, wo ein höherer Schwellenwert festgestellt wurde (Lundström et al. 2006, Lundström et al. 2008). Bei n-Butanol waren nur Männer, nicht jedoch Frauen beim Liegen unempfindlicher als beim Sitzen (Lundström et al. 2008).

Frasnelli und Hummel (2007) entwickelten eine Technik, um definierte Reize *pronasal* am Naseneingang und *retronasal* oberhalb des weichen Gaumens anzubieten. Zwei weiche Plastikschläuche werden in die Nasen eingelegt, sodass eine Öffnung etwa 1,5 cm hinter dem Nasenloch (direkt hinter der Nasenklappe) und die andere im *Epipharynx* (= nasaler Anteil des Rachens) zu liegen kommt. Die Schläuche werden mit einem *Olfaktometer* verbunden. Durch computerisierte Steuerung können Riechstoffe in genauer Konzentration und Dauer abgegeben werden.

Man geht bei Menschen von 10.000 unterscheidbaren Gerüchen aus, die jedoch nur mangelhaft in verbale Duftkategorien eingeordnet werden können (Hatt 1997: 322). Einige Versuche, Gerüche zu klassifizieren, werden später vorgestellt. Die mangelnde Fähigkeit, Gerüche zu beschreiben dürfte jedoch primär am Nicht-Erkennen der Gerüche liegen, nicht an der schwachen Assoziation zwischen Geruch und korrekter Bezeichnung (Jönsson et al. 2005).

### 2.2.3 Einflussfaktoren auf Geruchswahrnehmung und -bewertung

Die Beurteilung von Gerüchen gilt insofern als schwierig, da Hunger- und Sättigungszustand einer Person beim Riechen derselben Speise zu deutlich unterschiedlichen Empfindungen (von angenehm bis Aversion) führen können (Cain 1978). Auch gilt es zu bedenken, dass Wahrnehmung und Beurteilung von Gerüchen beträchtlich von Person zu Person variieren können. Für die meisten Düfte erfolgt eine *hedonische* Prägung durch Erziehung oder durch Situationen, in denen man den Duft kennen lernt. Das kann bereits im Mutterleib in Abhängigkeit der Nahrungsaufnahme der Mutter beginnen (Hatt 1997: 326). Dass Neugeborene beim Geruch von faulen Eiern ähnliche Gesichtsausdrücke wie

Erwachsene zeigen, spricht aber dafür, dass manche hedonischen Geruchsbe-
wertungen auch angeboren sind (Schönhammer 2009: 93).

Ein Gender Effekt konnte bei der Sensibilisierung an Gerüche festgestellt werden. Frauen im gebärfähigen Alter wurden bei mehrfach wiederholten Tests
mit denselben Gerüchen empfindlicher, Männern jedoch nicht (Diamond et al.
2005). Männer und Frauen reagieren auch im emotionalen Zustand unterschiedlich auf Gerüche. In einer Studie empfanden Männer – im Gegensatz zu
Frauen – Gerüche im emotionalen Zustand stärker als im neutralen Gefühlszu-
stand. Frauen hatten eine schnellere Reaktionszeit auf positive als auf neutrale Gerüche, und reagierten in einem geringeren Ausmaß auch schneller auf
negative als auf neutrale Gerüche, und zwar unabhängig ihres persönlichen
Gemütszustandes und unabhängig ihrer Persönlichkeit. Ängstliche Frauen
empfanden positive und negative Gerüche stärker als neutrale. Ängstliche oder
neurotische Männer detektierten positive und negative Gerüche schneller als
neutrale (Chen und Dalton 2005).

Rauchen verschlechtert die Geruchserkennung, wobei dieser Prozess reversibel
ist und ehemalige Raucher langfristig wieder ihr Riechvermögen verbessern
(Frye et al. 1990: 1233–1236).

Im Alter sinkt die Fähigkeit, Gerüche wahrzunehmen und zu erkennen, deutlich
ab (http://www.science.ulst.ac.uk/niche/morrissey.pdf). In einer Untersuchung
wurden Personen im Alter von 4–90 getestet, wie gut sie Gerüche erkannten
bzw. sich merken konnten. Erkennung und *Geruchsgedächtnis* waren beide
altersabhängig: 18- bis 30-Jährige schnitten am besten ab, ältere Menschen
zwischen 64–90 Jahren am schlechtesten (Lehrner et al. 1999).

Mehr als die Hälfte der über 65-Jährigen und mehr als drei Viertel der über
80-Jährigen klagen über *Riechstörungen* (Schindlegger 2001). Ein Grund dafür ist,
dass sich Sinneszellen in der Riechschleimhaut der Nase im Alter deutlich langsamer regenerieren oder sich verändern. Das Riechen verschlechtert sich dabei
nicht generell, sondern die Wahrnehmung von ausgewählten Aromen wird
schlechter. Riechen ändert sich daher nicht nur quantitativ sondern auch qualitativ (Ding-Greiner 2005). Auch die Beliebtheit von Gerüchen ändert sich mit
zunehmendem Alter: während die Vorliebe für Erdbeergeruch im Laufe des
Lebens geringer wird, steigt die Beliebtheit für Orangen- oder Lavendelöl ab dem
20. Lebensjahr an und Vanilleduft wird im Alter beliebter (Ding-Greiner 2005).

Auch Luftverschmutzung hat eine Auswirkung auf das Riechvermögen. In einer Studie wurden gesunde Probanden aus Mexico City und Tlaxcala, einer mexikanischen Stadt mit deutlich niedrigerer Luftverschmutzung als Mexiko City, verschiedenen Riech-Tests mit Getränken unterzogen. Die Getränke wurden alle in zusammendrückbaren Riechflaschen angeboten. Die Probanden aus Tlaxcala nahmen Gerüche in niedrigeren Konzentrationen wahr und konnten ferner besser zwischen zwei ähnlichen landestypischen Getränken unterscheiden (Hudson et al. 2006). Eine zweite Studie wurde mit standardisierten Riechtests sowie einem Test auf trigeminale Sensitivität durchgeführt. Für den trigeminalen Test wurden zwei Riechflaschen mit Nasenaufsätzen versehen. Als Riechstoff wurde in einer Flasche Eukalyptol eingesetzt, da diese Substanz duftet und zusätzlich einen trigeminalen Reiz ausübt. Die andere Riechflasche enthielt reine Luft. Luft aus beiden Flaschen wurde simultan in je ein Nasenloch gepumpt. Auch wenn es für Probanden bei derartigen Tests schwierig ist, zu sagen, aus welchem Nasenloch der Geruch stammt, können sie trigeminale Reize leichter zuordnen. Die Einwohner aus Tlaxcala hatten eine niedrigere Wahrnehmungsschwelle für Rosenduft, waren besser bei der Unterscheidung von Düften und beim Erkennen des trigeminalen Reizes. Nur bei der Identifikation von Gerüchen gab es keinen Unterschied zwischen den beiden Gruppen (Guarneros et al. 2009).

Für die sensorische Beurteilung ist vor allem relevant, dass sich – bei konstanter Reizung der Rezeptoren durch einen Duftstoff – die empfundene Intensität trotz gleich bleibender Konzentration der Geruchssubstanz verringert. Dieser Prozess wird als *Adaption* bezeichnet (Dalton 2000: 488). Von *Kreuzadaption* spricht man, wenn die Adaption an einen Duftreiz auch die Empfindlichkeit für andere Substanzen senkt. Während die Adaption eine kurzfristige Anpassung ist, versteht man unter *Habituation* einen Lernvorgang, bei dem eine Person von dauerhaften und damit für den Organismus als unwichtig geltenden Umgebungsdüften geschützt wird, und diese Gerüche in Folge kaum mehr wahrnimmt.

Kognitive Einflüsse beeinflussen die Präferenz eines Geruches. Als in einer japanischen Studie Anethol, einem dort unbekannten Geruch, für einen kontinuierlichen Geruchstest eingesetzt und dabei einer Gruppe Testpersonen als gefährliche und der anderen Gruppe als gesundheitsfördernde Substanz angepriesen wurde, unterschied sich die Vorliebe für Anethol signifikant zwischen den Gruppen (Kobayashi et al. 2008).

### 2.2.4 Integration mit anderen Sinnen

Sind einzelne Sinneswahrnehmungen eng miteinander verbunden, können sie sich gegenseitig „täuschen". In einer Studie wurde Kaffee mit Milch unterschiedlichen Fettgehaltes durch ein trainiertes *Panel* (= Gruppe von selektierten und geschulten Testpersonen) bei Rotlicht und bei normalem Licht sensorisch beurteilt. Dabei wurden durch lediglich verschiedene optische Bedingungen signifikante Unterschiede im Geruch und Geschmack empfunden (Voirol und Roberts 2001). Nicht nur die Farbe beeinflusst Geruch und Geschmack, letztere beeinflussen sich auch gegenseitig. Erdbeergeruch verstärkt die empfundene Süße von Saccharose, Fructose, Saccharin und Aspartam. Auch Zitronen-, Orangen-, Pfirsich-, Himbeer- und Kirschgeruch verstärken die süße Geschmackswahrnehmung von Saccharose, während Mango-, Litschi- und Pflaumengeruch keine Wirkung auf die Wahrnehmung von Saccharose haben (Dürrschmid 2009: 34f). Dass Gerüche selbst im unterschwelligen (d.h. nicht wahrnehmbaren) Aromastoffkonzentrationsbereich die Geschmackswahrnehmung beeinflussen, wurde in einer Studie mit Ethylbutyrat (Erdbeernote) demonstriert (Labbe et al. 2007).

### 2.2.5 Riechstörungen

Etwa 20% der 20- bis 90-Jährigen haben einen beeinträchtigten Geruchssinn (Pusswald et al. 2012). Normales Riechen wird als *Normosmie* bezeichnet. Der Begriff *Hyposmie* bedeutet eine quantitative Riechverminderung (Baumann und Caversaccio, 2002: 36), der Begriff *Hyperosmie* verstärktes Riechvermögen (Knecht et al. 1999: 1040). Als *Anosmie* bezeichnet man den Riechverlust, der auch partiell, das heißt nur für manche Duftkomponenten, vorliegen kann. Menschen mit *partiellen Anosmien* haben einen normal ausgebildeten Geruchsinn, können aber aufgrund des Fehlens passender Rezeptorzellen bestimmte Substanzen überhaupt nicht wahrnehmen. So liegt bei 40 % der Bevölkerung eine *partielle Anosmie* auf Androstenon, der Hauptgeruchskomponente in Urin, vor und 2 % der Bevölkerung nehmen den Geruch von Isovaleriansäure, die Hauptduftkomponente in Schweiß, nicht wahr. Es wurden sieben verschiedenen Typen von *partiellen Anosmien* beschrieben (Hatt 1997: 323).

Neben den genannten quantitativen Störungen können auch qualitative vorliegen. *Parosmien* sind verzerrte oder falsche Geruchsempfindungen. Werden inexistente Gerüche wahrgenommen, so spricht man von *Phantosmien* (Baumann und Caversaccio 2002: 36). Bei *Kakosmien* handelt es sich um falsche Wahrnehmungen von faul/unangenehm, *Heterosmie* ist die Unfähigkeit, Gerüche zu unterscheiden, und als *Agnosmie* wird die Unfähigkeit, wahrgenommene Gerüche zu erkennen, bezeichnet (Briner 2004).

Letztlich gibt es eine *olfaktorische Intoleranz*, eine übersteigerte subjektive Empfindlichkeit auf Gerüche trotz normaler Sensitivität (Welge-Lüssen und Hummel 2009: 8).

Die Ursachen von Riechstörungen sind mannigfaltig, wobei es drei Hauptursachen gibt: Traumata, virale Infekte und nasale Ursachen wie Sinusitis oder Polyposis nasi (Knecht el al. 1999: 1041). Zur klinischen Untersuchung des Geruchsinnes stehen eine Reihe standardisierter Tests zur Verfügung, wobei verschiedene Geruchsproben in Form von „Sniffin' Sticks" oder Schnüffelflaschen verwendet werden. In Nordamerika haben der „UPSIT" (University of Pennsylvania Smell Identification Test) und der „CC-SIT" (Cross Cultural Smell Identification test) die größte Reichweite erlangt (Hummel et al. 1997: 40). Der „SIT" (Smell identification Test) liegt mittlerweile in internationalen Versionen, darunter auch Deutsch, vor. Der europäische Geruchstest T.O.E. wurde im EU-Projekt Healthsense, im Rahmen dessen unter anderem sinnesphysiologische Veränderungen im Alter untersucht wurden, entwickelt. Er besteht aus 16 Gerüchen, die in Europa gut bekannt sind (Hoyer 2004).

In Japan wurde erst kürzlich ein Test namens OSIT-J (Odor stick identification test for Japanese) entwickelt, der aus 13 Gerüchen besteht, wovon einige allerdings sehr Kultur-spezifisch sind und der Test nicht universell einsetzbar ist (Kobayashi et al. 2006).

Neben zahlreichen Riechtests erscheint es sinnvoll, die subjektive Einschätzung der Patienten zu erfragen. Pusswald et al. (2012) entwickelten einen Fragebogen, mit dem das subjektive Riechvermögen (1 Frage), die Fähigkeit bestimmte

Gerüche wahrzunehmen (5 Fragen) sowie der Einfluss des Riechvermögens auf die eigene Lebensqualität (6 Fragen) erhoben werden kann.

Riechtraining kann bei Patienten mit Riechverlust als Therapie wirken. Eine Studie zeigte, dass sich bei etwa 30% der Patienten, die ein 12-wöchiges Riechtraining absolvierten, der Geruchssinn verbesserte. Das Training bestand darin, zweimal täglich an vier Aromen zu riechen: Phenylethylalkohol (Rose), Eukalyptol (Eukalyptus), Citronellal (Zitrone) und Eugenol (Gewürznelke). Nach 12 Wochen verbesserte sich die Wahrnehmungsschwelle für drei der vier Gerüche, nicht aber die Unterscheidung und Erkennung von Gerüchen. Ob die Wirkung temporär oder längerfristig ist, ist bislang nicht geklärt (Hummel et al. 2009). Bitter et al. (2010) zeigten, dass Anosmie zu einem Cortex-Verlust, v.a. im Bereich des medialen frontalen Cortex führt. Patienten, die bereits mehr als 2 Jahre an Anosmie litten, hatten einen größeren Verlust als Patienten, die weniger als 2 Jahre Anosmie hatten.

## 2.2.6 Klassifikationen von Gerüchen

Um in der komplexen Welt der Gerüche qualitative Zusammenhänge aufzuzeigen, wurden in der Vergangenheit viele Versuche gestartet, Gerüche in Gruppen zu klassifizieren. Einige Beispiele seien hier erwähnt:

- Henning entwickelte 1915 ein Geruchsprisma basierend auf den sechs Primärgerüchen blumig, faulig, fruchtig, würzig, verbrannt, harzig (Chastrette 2002: 105).
- Crocker und Henderson klassifizierten 1927 die Geruchswelt basierend auf den vier Primärgerüchen duftend, säuerlich, verbrannt und caprylig (Chastrette 2002: 105).
- Amoore schlug 1952 die sieben Geruchsklassen blumig, ätherisch, moschusartig, kampferartig, schweißig, faulig und stechend vor (Hatt 1997: 323).
- Köster versuchte 1971 eine Klassifizierung von Gerüchen auf Basis ihrer *Kreuzadaptionen* vorzunehmen. Der Versuch erwies sich im Endeffekt jedoch als zu kompliziert und zeitaufwendig (Köster 2002: 35).
- 1977 ging Amoore der Idee nach, anhand von *Anosmien* Anhaltspunkte für die Klassifikation von Düften zu erhalten, doch auch dieser Versuch ließ keine allgemein gültigen Schlussfolgerungen zu (Amoore 1977: 267–281).

- Jellinek ordnete 1994 Düfte zweidimensional nach süß (narkotisch) – bitter (stimulierend) und basisch (animalisch) – sauer (vegetabilisch) in Form eines Duftkreises an (Schönhammer 2009: 91).
- Einen völlig anderen Ansatz wählte Warrenburg (2005), der Gerüche nicht direkt klassifizierte sondern in Form eines „Mood Mappings" Testern acht emotionale Kategorien anbot und diese auswählen sollten, zu welcher Kategorie der Geruch am besten passt.

### 2.2.7 Aromachemie

Aus chemischer Sicht sind Verbindungen mit hohem *Aromawert* jene, die wesentliche Beiträge zum Aroma eines Lebens- oder Genussmittels leisten. Der *Aromawert* ist definiert als die Konzentration eines Aromastoffes im Lebensmittel, dividiert durch seine Geruchs-*Erkennungsschwelle* im Lebensmittel. Die Geruchs-*Erkennungsschwelle* ist die Konzentration einer Verbindung, die gerade noch zur Erkennung des Geruches im Lebensmittel ausreicht (Belitz und Grosch 1992: 305).

## 2.3 Geschmackssinn

Der menschliche Geschmackssinn ist ein Nahsinn, das heißt, die Reizstoffe müssen Kontakt mit der Zunge haben. Er ist wie der Geruchsinn ein chemischer Sinn, da er auf chemische Substanzen reagiert.

Die Einengung des Geschmackssinnes auf seine heutige Definition erfolgte relativ spät. Im 12.–15. Jahrhundert bedeutete das Verb „schmecken" (damals „smecken") noch kosten, wahrnehmen, riechen und duften (Schubert und Godersky 1996: 91).

### 2.3.1 Anatomische und physiologische Grundlagen

Die Entwicklung von Geschmackszellen beim Embryo beginnt bereits in der 7.–8. Schwangerschaftswoche, in der 14. Woche sind sie vollständig entwickelt (Hoyer 2003: 10). Erwachsene besitzen etwa 2000–4000 Geschmacksknospen (Hatt 1997: 317), die man in drei der vier Papillenarten – Pilzpapillen, Blätterpapillen und Wallpapillen – auf der Zunge, sowie vereinzelt am weichen Gaumen, an der hinteren Rachenwand und am Kehldeckel findet (Kahle fortgeführt von Frotscher 2001: 326).

Pilzpapillen enthalten jeweils nur 3–4 Geschmacksknospen, Blätterpapillen etwa 50 und Wallpapillen oft über 100. Jede Geschmacksknospe enthält Geschmacksrezeptorzellen, die wie Orangenspalten angeordnet sind (Hatt 1997: 317). In den Geschmacksknospen werden vier Zelltypen unterschieden: Basalzellen als Vorläuferzellen für die restlichen Zelltypen, sowie die drei länglichen Zelltypen Typ I, II und III. Nur Zellen vom Typ II und Typ III sind Sinneszellen. Sinneszellen vom Typ II exprimieren Rezeptoren für die Geschmacksrichtungen süß, umami und bitter. Diese Rezeptoren sind deutlich komplexer als die Ionenkanäle für sauer und salzig. Typ-III-Zellen bilden Geschmacksrezeptoren für sauer und salzig aus (Manzini und Czesnik 2009: 29, 33).

Um süß, umami oder bitter schmecken zu können, sind nicht nur Rezeptoren, sondern auch Rezeptor assoziierte Proteine (G-Proteine) und Enzyme für die Bildung sekundärer Botenstoffe in der Sinneszelle nötig. Typ-II-Sinneszellen exprimieren sowohl die G-Protein-gekoppelten Rezeptoren als auch sämtliche Proteine, die für die Reaktionskaskade nötig sind, um das chemische Signal des Geschmacksstoffes in ein elektrisches Signal, welches zum Gehirn weitergeleitet wird, umzuwandeln. Bindet ein Geschmacksstoff an der Außenseite einer Typ-II-Sinneszelle an den jeweiligen Geschmacksrezeptor, wird an der Zellinnenseite das G-Protein aktiviert, welches sich in eine α- und eine βγ-Untereinheit aufspaltet. Die α-Untereinheit stimuliert Enzyme, welche die Bildung der sekundären Botenstoffe cAMP und cGMP regeln. Die βγ-Untereinheit führt hingegen zur Bildung von Diacylglycerol und des sekundären Botenstoffs IP3. Durch Bindung von IP3 an Rezeptoren wird Kalzium freigesetzt, letztlich werden TRPM5-Kanäle geöffnet, die zur Depolarisation der Sinneszelle führen (Manzini und Czesnik 2009: 33). Sinneszellen des Geschmacks sind „sekundäre Sinneszellen". Sie haben selbst keinen Nervenfortsatz, die Signale müssen durch einen Synapse an die Nervenfasern weitergebenen werden. Typ-II-Zellen geben die Information meist indirekt über Typ-III-Zellen an die Nerven weiter (Manzini und Czesnik 2009: 33). Die Sinneszellen werden alle 10–14 Tage erneuert und sind mit den Fasern von drei Hirnnerven (*Nervus facialis*, *Nervus glossopharyngeus* und *Nervus vagus*, das sind der 7., 9. und 10. Hirnnerv, verbunden.

| süß | sauer | salzig | bitter | umami |
|-----|-------|--------|--------|-------|

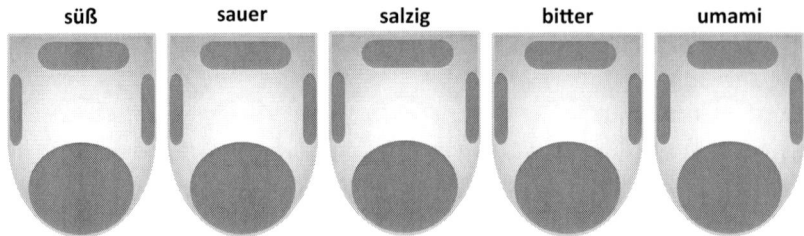

Abbildung 2: Schema einer korrekten Zungenlandkarte

Diese führen gebündelt zur *Medulla oblongata*, dem verlängerten Rückenmark. Von dort verlaufen die Geschmacksbahnen einerseits via Thalamus zur Hirnrinde, zum primären gustatorischen Kortex und der Insula und weiter zu orbitofrontalen Kortex, wo Informationen von den Geschmacksrezeptoren auf jene anderer Sinne treffen. Andererseits gehen die Geschmacksbahnen zum *Limbischen System (Amygdala)* und Hypothalamus (Schönhammer 2009: 111).

Jede Papille ist für mehrere, meist sogar für alle Geschmacksqualitäten empfindlich! Die fälschliche Zuordnung von Geschmacksqualitäten zu bestimmten Zungenarealen (z. B.: süß – Zungenspitze) basierte auf einem Interpretationsfehler einer Veröffentlichung aus dem Jahre 1901 (Hatt 1997: 318).

Pilzpapillen sind nicht nur Träger von Geschmacksknospen, sondern werden auch durch den *Nervus trigeminus* (5. Hirnnerv) innerviert. Es wird angenommen, dass die Pilzpapillendichte auch für taktile Empfindungen wichtig ist. Eine Methode zur Ermittlung der Pilzpapillendichte ist das Einfärben der Zunge mit blauer Lebensmittelfarbe. Die Papillen können mittels Videomikroskop gezählt werden, wofür eine definierte runde Fläche (6 mm Durchmesser, auf der linken und der rechten Seite der Zungenspitze) ausgewählt wird (Hayes et al. 2008).

Fadenpapillen als vierte Papillenart haben keine Geschmacksknospen, sondern rauen die Zungenoberfläche auf und vermitteln damit Texturempfindung (Lippert H. 1989: 218).

## 2.3.2   Geschmacksqualitäten

Süß, sauer, salzig, bitter und *umami* werden als so genannte *Grundgeschmacksarten* anerkannt. Fett und metallisch werden erst seit Kurzem diskutiert.

*Süß*

Zuckermoleküle oder andere süß schmeckende Stoffe können nicht in die Geschmacksrezeptorzellen eindringen, sondern binden an bestimmte Teile des Süßrezeptors an der Außenseite der Sinneszelle (der Rezeptor ist in die Membran integriert, manche seiner Teile liegen an der Zellaußenseite, andere an der Zellinnenseite) (Meyerhof 2003: 2). Der Süßrezeptor besteht aus den beiden Eiweißstoffen T1R2 und T1R3 (Nelson et al. 2001: 381–390). T steht dabei für Taste (Geschmack), R für Rezeptor. Durch das Binden von süß schmeckenden Stoffen an den Süßrezeptor wird dieser aktiviert und es werden biochemische Prozesse auf der Zellinnenseite in Gang gesetzt (Meyerhof 2003: 2). Dadurch setzt sich die bereits beschriebene Kaskade in Gang, die letztlich eine Nervenreizleitung zum Gehirn bewirkt.

Bei jungen Männern im Alter von 18–23 Jahren wurde ein inverser Zusammenhang zwischen Pilzpapillendichte und Wahrnehmungsschwelle für süß gefunden – bei höherer Dichte war die Schwelle niedriger, es war weniger Zucker nötig um wahrgenommen zu werden. Die Pilzpapillendichte der 182 Probanden war in diese Studie normalverteilt (Zhang et al. 2009).

*Sauer*

Die biologische Funktion des sauren Geschmacks liegt in der Regulation des Säure-Basen-Haushaltes. Stark saurer Geschmack wird meist abgelehnt und stellt ein Warnsignal vor dem Genuss verdorbener Produkte oder unreifen Obstes dar, während mäßiger Säuregehalt den Geschmack ausgewählter Lebensmittel verbessert (Meyerhof 2003: 2).

Säuren setzen Protonen frei. Zwei Ansätze, auf welche Weise Protonen die Geschmacksrezeptoren aktivieren, sind, dass entweder der Einstrom der Protonen selbst die Rezeptoren aktiviert und/oder dass die Protonen Ionenkanäle öffnen, und diese Öffnung folglich Geschmacksrezeptoren aktiviert (o.V., New Foods Nr. 52, 2002: 22). Die Intensität der wahrgenommenen Säure ist nicht immer proportional zum pH-Wert – einem Maß für die Protonenkonzentration – d.h. dass Protonen nicht alleine für die geschmeckte Säure ausschlaggebend sind (Dürrschmid 2008: 43).

*Salzig*

Stoffe, die einen rein salzigen oder Mischgeschmack aufweisen, dissoziieren in wässriger Lösung in Kationen und Anionen. Kochsalz (NaCl) ist das einzige Molekül, das einen rein salzigen Geschmack besitzt; alle anderen Salze weisen daneben andere Geschmacksrichtungen auf. Drake und Drake (2011) verglichen zahlreiche Salze und Salzersatzprodukte (meist Kaliumsalze) mit Hilfe eines geschulten Prüfpanels. Salzersatzproben wurden von den Testern als metallisch, sauer und bitter beschrieben. Salzlösungen wurden einerseits mit gleicher Salzmenge (8g Salz pro Liter Wasser), andererseits mit gleichem Natriumgehalt (8 g Natrium pro Liter Wasser) aus jedem Salz hergestellt. Die Intensität des salzigen Geschmacks variierte bei gleicher Salzmenge. Meersalze schmeckten bei gleichem Natriumgehalt unterschiedlich salzig, was darauf hinweist, dass auch andere enthaltene Mineralien den Geschmack beeinflussen.

Sowohl das Kation ($Na^+$) als auch das Anion ($Cl^-$) spielen eine Rolle (Hatt 1997: 319). Die *Transduktion* stellt einen relativ einfachen Mechanismus dar: Ein Kationen permeabler Ionenkanal (der vor allem für $Na^+$-Ionen durchlässig ist) ermöglicht, dass durch Essen salzreicher Kost $Na^+$-Ionen in die Zelle strömen. Dadurch wird die Zelle depolarisiert (Hatt 1997: 320) und durch diese Ladungsänderung kommt es zur Nervenreizleitung zum Gehirn. Es wird davon ausgegangen, dass verschiedene Natriumkanäle am salzigen Geschmackseindruck beteiligt sind.

Die Forschung rund um salzigen Geschmack erlebt im Zuge von Gesundheitsdiskussionen neuen Aufschwung. 2009 widmeten sich mehrere Beiträge des Pangborn Symposiums der Reduktion von Kochsalz (Kremer et al. 2009, Granli et al. 2009, Contel et al. 2009).

*Bitter*

Bitterer Geschmack wird in manchen Lebens- und Genussmitteln wie z. B. Kaffee oder Bier erwartet und als angenehm betrachtet. Sehr starke Bitterkeit dient jedoch als Warnsignal vor eventuellen Vergiftungen und löst Ablehnung aus. Es gibt ca. 25 verschiedene Bitterrezeptoren. Die Transduktion erfolgt wie in Kapitel 2.3.1 beschrieben.

Die bittere Substanz *PROP* (6-n-Propyl-2-Thiouracil) erweckt seit vielen Jahren Interesse in der Sensorikforschung. Die Fähigkeit, diese Substanz zu schmecken, ist genetisch bedingt. Das TAS2R38 Gen wurde mittlerweile als relevantes Gen identifiziert. Menschen werden entsprechend dieser Fähigkeit in „Supertaster", „Taster = Mediumtaster" und „Nontaster" eingeteilt. Asiaten sind öfter Superschmecker, dies wurde auch neuerlich in einer philippinischen Studie bestätigt (Villarino et al. 2009). *Prop*-„Nontaster" empfinden die meisten Geschmackssubstanzen als schwächer. *Prop*-„Supertaster" nehmen nicht nur Geschmäcker intensiver wahr, sondern reagieren auch empfindlicher auf irritierende Substanzen im Mund sowie auf taktile Reize von Fett (Tepper und Nurse 1998: 802–4). Bartoshuk et al. (1998: 793–5) fanden, dass „Supertaster" Kochsalz intensiver empfinden. Lim et al. (2008) zeigten jedoch, dass sich *Prop*-Nichtschmecker und Schmecker (Mediumtaster und Supertaster zusammengefasst) nicht bei allen Grundgeschmacksrichtungen unterscheiden: Süße, saure und salzige Lösungen – mit Wattestäbchen auf die Zunge aufgetragen – wurden von Schmeckern und Nichtschmeckern als gleich intensiv empfunden, während Schmecker die Bitterkeit nicht nur von *Prop* sondern auch von Quinin (QHCl) als stärker empfanden. Innerhalb der Schmeckergruppe unterschieden sich Mediumtaster und Supertaster jedoch deutlich voneinander, Superschmecker empfanden süß, sauer, salzig und bitter stärker als Mediumschmecker. In einer Untersuchung von Keast und Roper (2007) korrelierten die Wahrnehmungsschwellen von Koffein, Quinin-HCl und *Prop* bei einer Gruppe von Testern hingegen nicht, und auch im überschwelligen Konzentrationsbereich gab es auch keinen Zusammenhang zwischen den bewerteten Intensitäten von Koffein und *Prop* zwischen von Quinin-HCl und *Prop*.

Auch bei der empfundenen Cremigkeit kommen Studien zu unterschiedlichen Ergebnissen. Lim et al. (2008) ließen Tester drei Milchprodukte unterschiedlichen Fettgehaltes mit und ohne Nasenklammer in der Geschmacksintensität und Cremigkeit bewerten, und fanden keinen Zusammenhang zwischen den Intensitätsbewertungen der Milchprodukte und der Geschmacksintensität von *Prop*. Im Gegensatz dazu wurde in einer Studie, bei der Wasser, Magermilch, Vollmilch und Sahne mit Zusatz unterschiedlicher Zuckermengen versetzt und von Testpersonen in Süßintensität und Cremigkeit bewertet wurden, ein Zusammenhang mit der Schmeckintensität von *Prop* gefunden. Die Süße wurde beim Wechsel von Wasser auf Milch höher von jenen Testern empfunden, die *Prop* bitterer fanden. Die empfundene Cremigkeit von Sahne war ebenso abhängig vom *Prop*-Tasterstatus (Hayes und Duffy 2007).

Die *Prop*-Sensitivität korreliert negativ mit der Akzeptanz mancher Kruziferengemüse (z. B. Kohlsprossen, Kohl, Karfiol), Zitrusfrüchte (Grapefruit, Zitrone) und von Rhabarber – das heißt, eine höhere Sensibilität für *Prop* führt zu geringerer Akzeptanz der genannten Lebensmittel (Drewnowski et al. 1998: 797–801). Yackinous und Guinard (2002: 201–9) fanden jedoch keine Unterschiede im Verzehr bitterer Früchte, Gemüse oder Getränke zwischen „Supertaster", „Taster" und „Nontaster" mit Ausnahme von grünem Salat. Zwischen *Prop*-Status und BMI bestand bei erwachsenen Philippinen im Alter von 18–60 Jahren kein Zusammenhang (Villarino et al. 2009).

Anatomische Erklärungen für „Supertaster" sind zwar vorhanden, erscheinen aber unzureichend. So besitzen „Supertaster" die meisten Pilzpapillen und die Geschmacksknospen in den Pilzpapillen werden durch den 5. Hirnnerv (*Nervus trigeminus*, welcher Schmerz-, Temperatur- und Berührungsempfindungen weiterleitet) und durch die *Chorda tympani* (= Geschmacksnerv, Zweig des 7. Hirnnervs oder Gesichtsnervs) innerviert. „Supertaster" weisen vermutlich deshalb eine höhere Sensitivität für irritierende Substanzen auf (Bartoshuk et al. 1998: 793). Pathologische Gründe können allerdings den *Prop*-Taster-Status verändern, ohne die Anzahl der Pilzpapillen zu beeinträchtigen.

Delwiche et al. (2001) fanden, dass die Anzahl der Papillen schlecht zur Vorhersage der *Prop*-Sensibilität geeignet ist, da die Stimulierung der gleichen Papillenzahl auf verschiedenen Zungen keine gleich stark bittere Empfindung hervorrief.

Der *Prop*-Status kann entweder über Schwellenwertbestimmungen (Keast & Roper 2007, Hayes et al. 2008) oder über die empfundene Intensität überschwelliger Konzentrationen (Villarino et al. 2009) ermittelt werden. Hayes et al. (2008) ließen knapp 200 Personen die empfundene Intensität von Geschmackslösungen bewerteten. Weiters wurde deren *Prop*-Schwelle und Pilzpapillenzahl ermittelt, und der TAS2R38 Genotyp durch Blutanalyse festgestellt. Die empfundene Bitterkeit von *Prop* war nicht alleine vom TAS2R38 Genotyp abhängig. Dies erklärt auch manch widersprüchliche Studienergebnisse.

**Genetischer Exkurs zu *Prop*:**

Der **Genotyp** eines Organismus repräsentiert dessen exakte individuelle, genetische Ausstattung, den individuellen Satz von Genen. Der **Phänotyp** (= Erscheinungsbild) eines Individuums ist die Summe aller morphologischen, physiologischen und psychologischen Eigenschaften. Sowohl genetisch bedingte als auch erworbene Eigenschaften spiegeln sich somit im Phänotyp wider.

Chromosomen sind Träger von Genen. Der Mensch hat zwei vollständige Chromosomensätze, er ist somit **diploid** (vgl. **haploid** = einfacher Chromosomensatz). Als **Allele** bezeichnet man Varianten eines Gens. Aufgrund des doppelten Chromosomensatzes kann jeder Mensch auf den zwei homologen (einander entsprechenden) Chromosomen am betreffenden Gen-Ort zwei unterschiedliche oder zwei gleiche **Allele** eines Gens besitzen. Wenn beide **Allele** gleich sind, ist das Erbgut **homozygot**. Liegen zwei verschiedene **Allele** vor, spricht man von **heterozygot**.

Beim *Prop*-Gen gibt es zwei gängige **Haplotypen = haploide Genotypen** (PAV, AVI) und drei seltene **Haplotypen**. Die zwei gängigen **Haplotypen** resultieren in drei **diploiden Genotypen**: PAV **Homozygoten** (*Prop*-Superschmecker), AVI **Homozygoten** (*Prop*-Nichtschmecker), sowie die **heterozygote Mischform** HET aus PAV und AVI. Personen mit **Genotyp** HET sind im **Phänotyp** *Prop*-Schmecker, d.h. dass das Schmecker-Gen als dominant eingestuft wird.

Man kann nicht immer exakt vom **Phänotyp** (hier: wie intensiv der Geschmack empfunden wird) auf den **Genotyp** schließen. Eine Studie zeigte, dass die empfundene Bitterkeit von *Prop* nicht alleine vom TAS2R38 **Genotyp** abhängig war – PAV **Homozygoten** waren im **Phänotyp** nicht immer *Prop*-Superschmecker und AVI **Homozygoten** nicht immer Nichtschmecker. D.h. entweder spielen neben TAS2R38 andere Gene eine Rolle, oder nicht genetische Faktoren beeinflussen den **Phänotyp** alias *Prop*-Schmeckerstatus.

Die Verteilung der Pilzpapillenzahl ist unabhängig vom TAS2R38-**Genotyp**. Beim **Genotyp** HET konnte aufgrund der Pilzpapillen-Anzahl nicht die wahrgenommene Bitterkeit von *Prop* vorhergesagt werden. Bei **Homozygoten** war die Pilzpapillenzahl hingegen ein signifikanter Faktor auf die bittere Wahrnehmung von *Prop*, unabhängig vom **Genotyp** (AVI oder PAV). Ein Mensch mit AVI **Genotyp** beim TAS2R38 Gen und einer hohen Pilzpapillendichte kann durchaus ein Mediumtaster sein.

Quellen: Hayes et al. (2008), http://de.wikipedia.org/wiki/Haplotyp, http://de.wikipedia.org/wiki/Phänotyp, http://de.wikipedia.org/wiki/Genotyp, http://de.wikipedia.org/wiki/Allel

## Umami

*Umami* wird seit 2002 „offiziell" als Grundgeschmacksrichtung akzeptiert (Drake et al. 2009: 2). *Umami* bedeutet auf Japanisch „köstlich" (Le Coutre 2003: 36). Der Geschmackseindruck *umami* wird von Glutamat, Aspartat und manchen Ribonukleotiden hervorgerufen (Brand 2000: 1371). Glutamat ist das Salz der Glutaminsäure, einer Aminosäure, die weltweit als Geschmacksverstärker eingesetzt wird. Geschmacksverstärker können einerseits bestimmte Geschmacksrichtungen in ihrer Intensität verstärken oder auch einige Geschmacksrichtungen überlagern, um damit eventuelle Geschmacksfehler von Lebensmitteln zu korrigieren. Bei empfindlichen Menschen kann Glutamat zum so genannten „China-Restaurant-Syndrom" (Kopfschmerzen nach dem Verzehr natriumglutamathaltiger Gerichte) führen. Glutamat kommt jedoch auch natürlich in Lebensmitteln wie Tomaten oder Algen vor. Der menschliche Körper und Muttermilch enthalten ebenso Glutamat.

Ein Umamirezeptor T1R1+T1R3 besteht aus den zwei Teilen, Süß- und Umamirezeptortyp sind somit zur Hälfte (T1R3) identisch. Daneben wird der Umamirezeptor Taste-mGluR4 diskutiert.

Für die Prüferschulung auf den Geschmackseindruck umami werden 0,3 g und 0,6 g Mononatriumglutamat/l Wasser empfohlen (Busch-Stockfisch 2002).

Brugger et al. (2003) verglichen die sensorische Sensibilität, Wahrnehmung und Beschreibung von *umami* eines europäischen und eines asiatischen *Panels* und fanden nur geringfügige Unterschiede zwischen den *Panels*.

## Fett

Fett galt bis vor Kurzem nicht als *Grundgeschmacksart*, mittlerweile wurde jedoch nachgewiesen, dass die Zunge Fett gesondert wahrnimmt.

Laugerette et al. (2005) demonstrierten, dass der Fettsäuretransporter CD36 eine Rolle bei der oralen Detektion von langkettigen Fettsäuren bei Ratten und Mäusen spielt.

Neben CD36 wurden bei Tieren fettsäurespezifische Kaliumkanäle und die an G-Proteine gekoppelten Fett-Geschmacksrezeptoren GPR40 (für mittelkettige Fettsäuren), GPR41 und GPR43 (beide für kurzkettige Fettsäuren) und GPR120 (für mittel- und langkettige Fettsäuren) gefunden (Nachtsheim und Schlich 2011, Mattes 2009).

2011 wurde der Rezeptor GPR120 auch bei Menschen in den Geschmacksknospen identifiziert. Als Beweis einer sechsten Geschmacksrichtung ist dieser Fund allerdings noch zu wenig, solange ungeklärt ist, wie ein Geschmackssignal vom Rezeptor bis zum Gehirn weitergeleitet wird. Laut Meyerhof und Nachtsheim (2012: 13) gibt es zwar keine allgemeingültige Definition, was eine Grundgeschmacksart ausmacht, sie schlagen aber vier Kriterien vor, die ein Geschmackseindruck erfüllen sollte: (1) ein kategorisierbarer und von anderen oralen Eindrücken deutlich abgrenzbarer Geschmackseindruck, (2) die Existenz eigener, zuständiger Sensorzellen, welche (3) mit spezifischen Rezeptoren ausgestattet sind, und (4) die Übertragung des Geschmackseindrucks durch die Hirnnerven 7, 9 und 10 vom Mund zum Gehirn. Fett erfüllt diese Kriterien nicht. Nahrungsfett liegt primär in Form von Triglyceriden vor, welche aus Glycerin und drei Fettsäuren bestehen. Triglyceride sind (1) geschmacklos, ihre Textur ist aber oral wahrnehmbar. Werden Triglyceride in ihre Bestandteile gespalten, entsteht neben den Fettsäuren das süß schmeckende Glycerin, welches Süßrezeptorzellen aktiviert. Auch speziell für Triglyceride zuständige Chemosensorzellen (2) sind bislang noch nicht nachgewiesen worden. Für Fettsäuren gibt es Sensorzellen, allerdings keine eigenständige Gruppe. Was man bereits kennt, sind Rezeptorkandidaten für Fettsäuren (3), aber auch hier fehlt nach Meyerhof und Nachtsheim (2012: 14) „eine abgeschlossene unanfechtbare Kette von Beweisen, die ihre Rolle als spezifische Erkennungsmoleküle des Fettgeschmacks untermauern". Letztlich (4) wird die Beschaffenheit von Fett über den fünften Hirnnerv weitergeleitet, lediglich für die Fettsäuren kann davon ausgegangen werden, dass der siebte, neunte und zehnte Hirnnerv für die Reizleitung zuständig sind.

Die Tatsache, dass freie Fettsäuren von Menschen oral wahrgenommen werden, wurde von Mattes et al. (2009) gezeigt. Sie bestimmten bei 32 Probanden die Wahrnehmungsschwellen von vier Fettsäuren mit unterschiedlicher Kettenlänge – Capronsäure C6:0, Laurinsäure C12:0, Stearinsäure C18:0 und der mehrfach ungesättigten Linolsäure C18:2 – mit Nasenklammern und bei Rotlicht. Die Bandbreite der Wahrnehmungsschwellen war bei jeder Fettsäure sehr groß. Eine orale Wahrnehmung ist jedoch nicht mit Geschmack gleichzusetzen. Reckmeyer et al. (2010) untersuchten den Einfluss freier Linolsäure C18:2 bzw. Ölsäure C18:1 auf die Wahrnehmung der Grundgeschmacksrichtungen süß, salzig, sauer und umami. Dafür wurden die Fettsäuren in Ethanol gelöst und zu wässrigen Geschmackslösungen mit Zucker, Kochsalz, Zitronensäure oder Natriumglutamat zugesetzt. Zum Vergleich wurden Geschmackslösungen mit Ethanolzusatz, aber ohne Fettsäuren hergestellt. Alle Proben wurden in braunen Gasflaschen dargereicht, um optische Einflüsse auszuschließen. Die Probanden verkosteten die Lösungen mit Nasenklammer, um den Geruch zu eliminieren. Es wurden immer Probenpaare – z.B. süß ohne Fettsäure bzw. süß mit einer der beiden Fettsäuren – gekostet. Im Paarvergleich sollte die jeweils geschmacksintensivere Lösung identifiziert werden. Weder Linolsäure noch Ölsäure beeinflussten den Geschmack der Lösungen.

Da der Großteil der Nahrungsfette als Triglyceride vorliegt, ist die Relevanz der Detektion freier Fettsäuren im Mund eingeschränkt. Die Zungengrundlipase, ein fettspaltendes Enzym, weist bei Menschen eine geringere Aktivität als bei der Ratte auf, das erschwert die Fettsäurewahrnehmung im Mund (Nachtsheim und Schlich 2011: 531).

Fett als Nahrungsbestandteil beeinflusst aber eine Reihe anderer sensorischer Eindrücke. So werden fettlösliche Aromen stärker im Fett gebunden und langsamer als wasserlösliche Aromen freigesetzt. Dadurch ist die retronasale Aromawahrnehmung (siehe Kapitel 2.2.1) stärker. Zudem ist Fett nachweislich am Mundgefühl beteiligt (Meyerhof und Nachtsheim, 2012: 10–11).

## Metallisch

Der sensorische Eindruck metallisch kann durch Fettoxidation, elektrische Stimulierung der Zunge, Kupfermünzen auf der Zunge, Fruchtsäfte aus der Dose oder FeSO4 hervorgerufen werden. Diese Wirkungen entstehen teils *retronasal* und teils direkt auf der Zunge. Zudem können physiologische Ursachen zu metallischem Geschmackseindruck führen, wie etwa in der Schwangerschaft (Lawless 2005).

Lösungen von Eisensulfat ($FeSO_4$) und Kupfersulfat ($CuSO_4$) wurden von trainierten Testern sowohl mit verschlossener als auch mit offener Nase u.a. hinsichtlich metallischem Geschmackseindruck und – Nachgeschmack evaluiert. Die Proben wurden in den Mund genommen, evaluiert und wieder ausgespuckt. Bei verschlossener Nase war der metallische Geschmackseindruck von

Eisensulfat reduziert, während er bei Kupfersulfat unbeeinträchtigt blieb. Das bedeutet, dass Eisen eine stärkere *retronasale* Komponente hat als Kupfer (Epke et al. 2009). Für die Prüferschulung auf metallisch kann eine Lösung aus 0,005 g/l Eisen-II-sulfat-heptahydrat ($FeSO_4 7H_2O$) verwendet werden, wobei letztere unbedingt mit Wasser im neutralem pH-Bereich erstellt werden muss, da es im sauren Bereich zur Gelbfärbung kommt (Busch-Stockfisch 2002).

*Thermal taste*

Wird die Zungenspitze rasch abgekühlt und wieder erwärmt, so haben etwa 50 % aller Individuen ein Geschmacksempfinden (phantom taste). Diese sogenannten *Thermal tasters* erwiesen sich auch als empfindlicher für Lösungen der Grundgeschmacksarten, haben jedoch keine höhere Temperaturempfindlichkeit als *Thermal nontasters* (Green & George 2004). Thermal- und *Prop*-tasting scheinen voneinander unabhängig zu sein. In einer Studie verteilten sich 24 als *Thermal taster identifizierte Probanden* auf 10 Prop-Nichtschmecker, 7 Mediumschmecker und 7 Superschmecker; und von den 49 als *Thermal nontaster* klassifizierten Personen waren 17 *Prop*-Nichtschmecker, 26 Mediumschmecker und 6 Superschmecker (Bajec und Pickering 2008).

### 2.3.3 Einflussfaktoren auf die Geschmackswahrnehmung

Werden verschieden schmeckende Substanzen gleichzeitig verabreicht, kommt es zu Wechselwirkungen (= Interaktionen). Diese können drei unterschiedliche Ursachen haben:

- Chemische Interaktionen können entweder Geschmacksintensitäten verändern oder in neuen Geschmäckern resultieren.
- Physiologische Interaktionen treten auf, wenn ein Geschmacksstoff mit den Rezeptoren des anderen Stoffes reagiert.
- Kognitive Interaktionen sind sehr häufig. Ein Beispiel ist die so genannte *mixture suppression*, die bedeutet, dass eine Mischung von zwei oder mehreren Geschmacksstoffen als schwächer empfunden wird als die Summe ihrer Einzelkomponenten (Keast und Breslin 2002: 113).

Werden Kombinationen einer Geschmackssubstanz und einer Geruchssubstanz in dem Mund genommen, so können auch bei atypischen Kombinationen
(z.B. Mononatriumglutamat als Geschmacksstoff mit Ananasextrakt als
geruchsaktive Substanz) additive Effekte festgestellt werden (Delwiche und
Heffelfinger 2005).

Piqueras-Fiszman et al. (2012) untersuchten, wie sich verschiedene Löffel-Mate-
rialien – Gold, Kupfer, Zink und Edelstahl – auf den Geschmack auswirken. Zu
einer Creme double mit 50% Fett wurde entweder Zucker, Salz, saurer Zitronen-
saft oder bitteres Zitronenmark zugesetzt. Zink- und Kupferlöffel erzeugten
einen leicht metallischen und bitteren Eindruck, steigerten zudem aber den
jeweiligen Geschmackseindruck der Creme. Die Autoren der Studie sahen
Potenzial darin, dass für Personen, bei denen Zucker- oder Salzreduktion an-
gezeigt ist, durch Wahl des richtigen Löffels der empfundene Süß- oder Salz-
geschmack aufrecht erhalten werden kann. Weitere Studien sind zu diesem
Thema nötig, wobei klassische Besteckmaterialien, auch Silberbesteck, berücksichtigt werden sollten.

Der Geschmack ist auch von der Temperatur des verzehrten Produktes abhängig. Lösungen mit Saccharose, Zitronensäure, Chinin oder Aluminium – letzteres generiert ein adstringierendes Mundgefühl – wurden bei 5 °C und bei 35 °C
unterschiedlich empfunden. Die warme Zitronensäurelösung wurde intensiver
sauer und länger geschmeckt. Bitterkeit durch Chinin erreichte hingegen bei
der kalten Lösung eine stärkere Geschmacksintensität, die jedoch rascher
abnahm. Die Zuckerlösung schmeckte bei diesen Temperaturen nicht unterschiedlich stark, bei der kalten Lösung wurde die maximale Intensität jedoch
etwas später erreicht (Bajec et al. 2012).


Wie beim Geruch kann als Folge kontinuierlicher Reizung *Adaption* auftreten.
Es kann Sekunden oder auch Stunden dauern, bis die ursprüngliche Empfindlichkeit wieder hergestellt ist (Hatt 1997: 321).

Hunger beeinflusst mitunter die Intensität der Geschmackswahrnehmung. In
einer Untersuchung nahmen Probanden mit leeren Mägen den Geschmack
süßer und salziger Lösungen in deutlich niedrigeren Konzentrationen wahr als
nach einer Mahlzeit; die Empfindlichkeit für bitter war vom Hungerzustand

hingegen unbeeinflusst (Zverev 2004: 5). In einer anderen Untersuchung wurden *Erkennungsschwellen* (siehe Kapitel 5.2) für Saccharose, Fruktose, NaCl, Quininsulfat, *Prop* und Lakritze bei Personen morgens im nüchternen Zustand sowie nach einer Mittagsmahlzeit ermittelt, und die Unterschiede waren in diesem Fall nicht signifikant (Pasquet et al. 2006).

Wie beim Geruchssinn verändert das Alter auch die Geschmackswahrnehmung. Kinder sind dabei nicht, wie oft angenommen, am empfindlichsten: im Zuge eines Geschmackstest mit 3- bis 6-jährigen Kindern war deren Süßschwelle für Saccharose mit 30,8 mmol/l deutlich höher als die bei Erwachsenen übliche Konzentration. Die älteren Kinder waren sensibler für Süße als die jüngeren Kinder (Visser et al. 2000).

Medikamente können Ursache für ein verändertes Geschmacksempfinden sein. Sie können den Sinnesverlust im höheren Alter weiter verstärken.

Ausreichende Zinkversorgung ist wichtig, da Zink bei der Appetitregulierung sowie für Wachstum und Erhaltung der Geschmackspapillen wichtig ist.

Rauchen beeinflusst nicht nur den Geruch, sondern auch die Geschmackspapillen. Geschmacksschwellen von Rauchern, mit *Elektrogustometer* (einem Gerät zur einfachen, klinischen Messung der Geschmackssensibilität) gemessen, waren im Vergleich zu Nichtrauchern erhöht. Endoskopische Untersuchungen zeigten zudem Unterschiede in der Pilzpapillenform von Rauchern und Nichtrauchern. Nichtraucher hatten ei- oder ellipsenförmige Papillen ohne Oberflächenverdickung, Papillen der Raucher hatten eine dicke und unregelmäßige Oberfläche (Pavlos et al. 2009).

Auch Aufmerksamkeit erhöht die Sinnesleistung bei schwachen Zucker- und Zitronensäurelösungen (Marks und Wheeler 1998).

Last, but not least können Gefühle die Geschmackswahrnehmung beeinflussen. Ängstlichkeit war in einer Untersuchung mit höheren Bitter- und Salzschwellen assoziiert, d.h. ängstliche Personen waren unempfindlicher für bitter und salzig. Serotonin und Noradrenalin, zwei Neurotransmitter, erhöhen hingegen die Empfindlichkeit. Serotonin senkt die Erkennungsschwelle für süß und bitter, Noradrenalin für sauer und bitter (Heath et al. 2006).

## 2.3.4 Geschmacksmodulation

Manche Stoffe können Sinneseindrücke qualitativ verändern oder quantitativ in ihrer Intensität abschwächen. In der Literatur sind zahlreiche Substanzen zu finden, an dieser Stelle seien nur wenige ausgewählte Beispiele erwähnt:

- Zinklaktat und in geringerem Ausmaß auch Natriumgluconat reduzieren die Bitterkeit von Koffein (Keast 2008).
- Riboflavin-binding protein (RBP), ein Protein aus Hühnerei, das selbst keinen Eigengeschmack aufweist, inhibiert unterschiedliche Bittersubstanzen (Maehashi et al. 2008) und hat einen suppressiven Effekt auf süße Protein wie Thaumatin, Monellin und Lysozym, während die Süße von niedermolekularen süßen Substanzen wie Sacchatrose, Glycin, D-Phenylalalin, Saccharib Cyclamat, Aspartam oder Steviosid nicht unterdrückt wird (Maehashi et al. 2007).
- Miraculin ist ein Glykoprotein, das selbst geschmacklos ist, auf der Zunge jedoch Säuren süß schmecken lässt. Eine bereits süße Saccharose-Lösung wird nach Miraculin jedoch nicht als noch süßer eingestuft. Die Salzigkeit einer NaCl-Lösung wird unmittelbar nach Miraculingabe schwächer empfunden. Die Bitterkeit von Koffein ändert sich nicht durch Miraculin (Capitanio et al. 2011).
- 2-(4-methoxyphenoxy)-Propionsäure (PMP) ist ein Süßblocker. Warnock und Delwiche (2006) zeigten, dass die Süße von Aspartam durch PMP schlechter unterdrückbar ist als die Süße von Zucker. Die Unterdrückung der Süße von Aspartam war zudem im hinteren Zungenteil schwieriger als im vorderen Teil.

## 2.3.5 Angeborene und erlernte Geschmackspräferenzen

Präferenzen für *Grundgeschmacksarten* sind zunächst angeboren. Säuglinge reagieren positiv auf süß und *umami* und lehnen bitter und sauer ab (Meyerhof 2003: 4). Dies entspricht auch der Zusammensetzung der ersten Nahrung, der Muttermilch, die Milchzucker und Glutaminsäure enthält.

Mittlerweile ist bekannt, dass Säuglinge bereits vor der Geburt im Bauch der Mutter Gerüche und Geschmäcker kennen lernen. Manche Aromastoffe gelangen aus der Nahrung der Mutter in das Fruchtwasser und werden vom Fötus geschluckt (Mennella et al. 2001). Ab der 32. Schwangerschaftswoche reagiert der Fötus auf den Geschmack von Fruchtwasser (Manz und Manz 2005) und kommt letztendlich mit angeborenen sowie mit im Mutterleib erworbenen Präferenzen auf die Welt. Ebenso enthält Muttermilch manche Substanzen aus der Nahrung der Mutter. Allerdings tritt nicht jeder Aromastoff der mütterlichen Nahrung in die Muttermilch über, daher ist auch nicht jedes von der Mutter verzehrte Lebensmittel automatisch prägend für das Kind. Weniger als 1 % der mütterlichen Aromadosis wird in der Muttermilch wieder gefunden (Hausner et al. 2007).

In einer Studie gingen Forscher der Frage nach, ob der regelmäßige Konsum von Karottensaft in Schwangerschaft oder Stillzeit einen Einfluss auf die Akzeptanz von Karotten im Beikostalter mit sich bringt. Eine Gruppe schwangerer Frauen erhielt über einen Zeitraum von drei Wochen hinweg viermal wöchentlich Karottensaft zu trinken, und in der Stillzeit Wasser. Eine zweite Gruppe Frauen bekam während der Stillzeit Karottensaft und in der Schwangerschaft Wasser, eine dritte Gruppe (die Kontrollgruppe) erhielt Wasser in Schwangerschaft und Stillzeit. Nachdem die Kinder das Beikostalter erreicht hatten und einige Wochen lang mit Getreidebrei, nicht aber mit Karotten gefüttert worden waren, erhielten sie sowohl wässrigen Getreidebrei als auch Getreidebrei mit Karottensaft zubereitet. Der Eindruck der Mutter, wie gerne ihr Baby den Brei isst, der Gesichtsausdruck der Babys selbst (gefilmt und durch andere Personen interpretiert) sowie die verzehrte Menge wurden als Indikatoren verwendet, wie gut die Kinder die beiden Breie fanden. Kinder, die in der Schwangerschaft über das Fruchtwasser mit Karottensaft konfrontiert wurden, hatten deutlich weniger negative Gesichtsausdrücke beim Karotten-Getreidebrei als beim wässrigen Brei. Auch fanden deren Mütter, dass die Babys den Karotten-Getreidebrei bevorzugten, während Mütter, die keinen Karottensaft getrunken hatten, keinen Unterschied in der Bevorzugung für einen Brei sahen (Mennella et al. 2001).

Ein sehr wesentlicher Aspekt beim Erlernen von Geschmackspräferenzen – in jedem Alter – ist der *Mere Exposure Effekt* oder *Effekt der bloßen Darbietung*. Ihm zufolge mögen Menschen eine Speise deshalb, weil sie sie bereits gegessen haben. Ursache für den Effekt der bloßen Darbietung ist das vertraute Gefühl,

ein Sicherheitsgefühl, das entsteht wenn ein Lebensmittel gegessen und gut
vertragen wurde. Mittlerweile gibt es viele Untersuchungen, die belegen, dass
bei mehrmaligem Kontakt mit einem Lebensmittel die Vorliebe dafür gesteigert werden kann: Die Vorliebe für süße Orangeade stieg bei Kindern an, nachdem sie das Getränk acht Tage lang konsumierten, ebenso stieg die Vorliebe für
gesüßtes Joghurt, während sauer schmeckende Orangeade die Präferenz nicht
beeinflusste (Liem und de Graaf 2004). Kindergartenkinder gewöhnten sich an
den Geschmack von Käse, vor allem an die Sorte, die Ihnen am öftesten angeboten wurde (Stiftung Warentest 2007). Erwachsene, die eine Abneigung
gegenüber bestimmten Produkten (Rhabarber, Durian) hatten, empfanden
nach weniger als 10-mal Kosten deren Geschmack sogar als gut (Blake 2004).
Kulturelle Geschmackspräferenzen können ebenso mit dem *Effekt der bloßen
Darbietung* erklärt werden. Mexikanische Babys werden nicht mit Chili-hälti-
gem Brei gefüttert, und ihre Mütter vermeiden scharfe Lebensmittel in
Schwangerschaft und Stillzeit. Doch werden mexikanische Kleinkinder im Alter
von ein bis drei Jahren langsam ermutigt, kleine Mengen an Salsa zu kosten,
ohne jedoch gezwungen zu werden. Auf diese Weise entwickeln die Kinder
langsam Toleranz gegenüber Schärfe (Mennella et al. 2005).

Experimentell bewiesen wurde der *Effekt der bloßen Darbietung* erstmals von
Zajonc (1968). Zajonc zeigte, dass die Häufigkeit, mit der ein fremdsprachiges
Wort ausgesprochen wurde, deren hedonische Wahrnehmung (Einschätzung
der guten oder schlechten Bedeutung des Wortes) beeinflusste, aber auch, dass
öfter gezeigte Gesichter auf Fotos von den Betrachtern als sympathischer eingestuft wurden als weniger oft gezeigte. Der *Mere Exposure Effekt* funktioniert
folglich über verschiedene Sinne und verschiedene Sinnesreize.

Ein zweites biologisches Programm wirkt dem *Mere Exposure Effekt* entgegen:
durch die *Spezifisch Sensorische Sättigung* entwickeln wir eine kurzfristige
Ablehnung gegen einen Geschmack, den wir gerade empfunden haben. Auf
diese Weise wird vermieden, dass wir immer das Gleiche essen. Dies ist somit
Grundlage für eine ausgewogene Ernährung. Bei Kindern läuft die *Spezifisch
Sensorische Sättigung* jedoch langsamer ab als bei Erwachsenen, Kinder wollen
daher oft tagelang das Gleiche essen. Auch im Alter ist der Effekt der *Spezifisch
Sensorische Sättigung* stark verringert (Hollis und Henry 2007).

Bei Erdbeerlimonade wurde gezeigt, dass *Spezifisch Sensorische Sättigung* auftritt, egal ob die Intensität der Limonade im Zuge von fünf Mal Kosten zunimmt, gleich bleibt oder abnimmt (Havermans et al. 2008). *Spezifisch Sensorische Sättigung* tritt auch dann auf, wenn ein Lebensmittel nur gekaut und in Folge ausgespuckt wird. Nach bloßem Riechen an Produkten wurde zudem eine *Olfaktorische Spezifisch Sensorische Sättigung* beobachtet. Einige Minuten Riechen an Banane oder Huhn reduzierte die Annehmlichkeit des jeweiligen Geruches, während jene für andere Lebensmittelgerüche kaum sank (Rolls & Rolls 1997). *Spezifisch Sensorische Sättigung* ist somit nicht ausschließlich an Nahrungs- und kcal-Aufnahme gebunden.

Eine von der Dr. Rainer Wild Stiftung 2011 durchgeführte Telefonbefragung von 1000 Personen in Deutschland ergab, dass 81% Speisen essen, die ihnen nicht schmecken. 40% essen derartige Speisen dennoch fast oder ganz auf. Der Grund für die stark ausgeprägte sensorische Kompromissfähigkeit ist noch nicht klar (Dr. Rainer Wild Stiftung 2011).

### 2.3.6 Technik zur Geschmacksbeurteilung (Verkostungstechnik) bei sensorischen Prüfungen

Flüssigkeiten sollten in kleinen Schlucken in den Mund genommen und einige Sekunden im Mund behalten werden. Bei festen Produkten ist eine derartige Empfehlung aufgrund individuell unterschiedlichen Kau- und Schluckverhaltens schwieriger. Wichtig sind entsprechende Pausen zwischen den Proben. Soll der retronasale Geruch ausgeschaltet werden, kann mit Nasenklammern gekostet werden.

## 2.4 Hautsinne

Die Hautsinne setzen sich aus Tastsinn, Temperatursinn und Schmerzsinn zusammen.

### 2.4.1 Tastsinn

Hand und Mund sind Tastorgane, die beide bei der sensorischen Produktbewertung zum Einsatz kommen können.

Viele Produkte berührt man automatisch mit der Hand, um sie zum Mund zu führen. Die dabei gewonnenen Produktinformationen können beispielsweise Aufschluss über die Frische eines Produktes liefern (Knusprigkeit bei Brötchen, Festigkeit eines Apfels), oder sie stellen einfach eine Vorinformation über die Konsistenz des Produktes dar (z. B. ob Schokolade leicht schmilzt).

Die Hand gilt als sehr sensibles Sinnesorgan. 400 Schweißdrüsen/cm$^2$ auf den Kämmen der Fingerleisten ermöglichen das Fassen von glatten Oberflächen, verbessern das Greifvermögen und das Erkennen von kleinen Gegenständen. Tausende Tastkörperchen und zehntausende freie Nervenendigungen an Fingerspitzen und Handflächen senden Information an das Gehirn weiter (Vögelin 2002: 29–31). Die Größe der Hände ist entscheidend für das Tastgefühl. Bei kleinen Händen (mit kleinen Fingern) liegen die Tastrezeptoren in den Fingerspitzen enger beieinander. Beim Ertasten eines Lebensmittels wird von jedem Rezeptor ein Signal ans Gehirn gesendet. Je enger die Rezeptoren, desto schärfer wird das neuronale Abbild des getasteten Produktes – ähnlich der Auflösung digitaler Fotos. Frauen haben deshalb einen ausgeprägten Tastsinn, weil sie kleinere Finger haben (ja/KK 2010).

Im Mund rauen Fadenpapillen die Zungenoberfläche auf und vermitteln damit Texturempfindung (Lippert 1989: 218). Zu den Texturmerkmalen zählen Härte, Sprödigkeit, Kaubarkeit, Klebrigkeit, Adhäsivität, Viskosität, Schwere, Dichte, Körnigkeit, Sprudeln u.a. Diese Begriffe sind in der Norm ISO 5492: 2008 definiert. Fillion und Kilkast (2001) entwickelten Tests zur Messung der oralen Textursensibilität und des Kauvermögens von (älteren) Personen. So kann die Fähigkeit zur Erkennung von Formen im Mund mit Zuckerbuchstaben, die als Tortendekoration im Fachhandel erhältlich sind, gemessen werden. Das Kauvermögen kann dadurch ermittelt werden, dass Kaugummi mit zwei separaten Farben von den Testpersonen 10x beziehungsweise 20x gekaut wird und die Durchmischung der beiden Farben vom Versuchsleiter mit Hilfe einer Skala, die unterschiedliche Mischgrade repräsentiert, bewertet wird.

## 2.4.2 Temperatursinn

Der Temperatursinn reagiert auf Erwärmung und Abkühlung. In den Handflächen ist die Dichte der Kaltpunkte höher als jene der Warmpunkte. Die größten

Dichten befinden sich in der Gesichtsregion, die als besonders temperaturempfindlich gilt (Zimmermann 1997: 221).

Kälterezeptoren (TRPM8, der Rezeptor ist ein Ionenkanal) reagieren einerseits auf Hauttemperaturen zwischen ca. 2 und 47 °C mit maximaler Aktivität bei etwa 25 °C, andererseits auf chemische Stimuli wie Menthol. Wärmerezeptoren reagieren erst über 30 °C und haben ihre maximale Aktivität knapp unter 50 °C. Über 50 °C sind nicht mehr die Wärmerezeptoren aktiv, sondern Schmerzrezeptoren. Im Mund ist die Temperaturempfindlichkeit ungleichmäßig verteilt – vorne sind wir empfindlicher als hinten (Dürrschmid 2008: 60). Lee et al. (2003) gingen der Frage nach, warum man sich nicht ständig beim Verzehr heißer Getränke den Mund verbrennt, da Heißgetränke üblicherweise bei Temperaturen serviert und konsumiert werden, die über der thermalen Schmerzschwelle liegen und Schäden im Epithel erzeugen. Heißer Kaffee kühlt auf dem Weg von der Tasse in den Mund nur marginal ab. Dass wir dennoch keinen Schmerz empfinden, liegt vermutlich an der kurzen Kontaktzeit.

Lütgendorff-Gyllenstorm und Riedl (2011) warnen dennoch vor dem Konsum heißer Lebensmittel. Je länger und öfter zu heiß gegessen wird, desto höher sind ihnen zufolge die möglichen gesundheitlichen Schäden. Die lokale Schädigung der Schleimhäute resultiert in der Freisetzung von Mediatoren, die Abwehrkraft der Schleimhäute sinkt, und Entzündungen im Rachenraum sowie Schnupfen, Nebenhöhlenentzündungen und Mittelohrentzündungen werden als mögliche Folgeerkrankungen postuliert.

## 2.4.3 Schmerzsinn

Schmerz ist nicht nur eine eigene Sinnesmodalität, sondern zusätzlich ein unangenehmes Gefühlserlebnis (Schaible und Schmidt 1997: 236). Die Haut ist für Schmerzen nicht gleichmäßig empfindlich, sondern besitzt spezifische Schmerzpunkte, die in ihrer Anzahl jene der Kalt- und Warmpunkte übersteigen. Schmerz-Rezeptoren, sog. *Nozizeptoren*, reagieren auf mechanische, thermische und chemische Reize (Schaible und Schmidt 1997: 240). Nozizeptoren sind – wie Riechrezeptoren – „primäre Sinneszellen".

Im Mund wird die scharfe Empfindung von Chili durch freie Nervenenden des *Nervus trigeminus*, des 5. Hirnnerves, weitergeleitet. Dieser auch als Drillingsnerv bezeichnete Nerv hat drei Hauptäste. Der Scharfstoff von Chili, Capsaicin, hebt die Sensibilität im Mund, reduziert jedoch die Empfindungsfähigkeit für süß. Da der Scharfstoff Capsaicin lipophil ist, kann die Schärfe von Chili nicht mit Wasser neutralisiert werden. In der Praxis hat sich jedoch auch Butter als schlechtes Mittel erwiesen, während Milch und Joghurt – mit deutlich geringeren Fettgehalten als Butter – vermutlich durch das Milcheiweiß Casein geeignet waren, die Schärfe zu reduzieren. Auch eine Zuckerlösung ist wirksam (Degen 2005). Capsaicin, Piperin und Zingeron – Scharfstoffe von Chilli, Pfeffer und Ingwer – lösen bei manchen Menschen neben der Schärfe auch eine Bitterempfindung aus (Green & Hayes 2004). Capsaicin scheint generell eine gewisse Ähnlichkeit mit der Bitterwahrnehmung zu haben: Testpersonen erhielten je eine süße, salzige und saure wässrige Lösung, eine gemischte süß-saure Lösung, zwei bittere Lösungen mit Quinin in unterschiedlichen Konzentrationen sowie zwei unterschiedliche Capsaicin-in-Ethanol-Lösungen, und bewerteten paarweise Ähnlichkeiten der Lösungen. Mittels *MDS* (Kapitel 8.5) und *Clusteranalyse* (Kapitel 14.5.3) wurde gezeigt, dass Capsaicin ähnlicher den Quininlösungen ist als anderen Grundgeschmacksrichtungen – und damit auch, dass Quinin vergleichsweise ähnlicher dem Capsiain als den restlichen Grundgeschmacksrichtungen empfunden wird (Lim & Green 2007).

## 2.5  Gehörsinn

Anatomisch betrachtet besteht das Hörorgan aus drei Teilen: dem äußeren Ohr (Schalltrichter), dem durch das Trommelfell vom äußeren Ohr abgetrennten Mittelohr (Verstärkerapparat) und dem Innenohr (Analysator von Höhe, Klangfarbe, Lautstärke) (Lippert et al. 2002: 358). Schall gelangt durch den äußeren Gehörgang in das Trommelfell und wird durch die Gehörknöchelchen des Mittelohrs in das Innenohr übertragen. Im flüssigkeitsgefüllten Innenohr läuft er als Welle weiter. Das mechanische Schallsignal wird in ein elektrisches Signal umgewandelt (= *Transduktion*). Die Sinneszelle gibt ein Signal an den Hörnerv, welcher die Information ans Gehirn weiterleitet (Zenner 1997: 259).
Sensorische Eindrücke wie Knusprigkeit werden nicht nur durch den Tastsinn, sondern auch durch den Gehörsinn wahrgenommen. Im Vergleich zu den ande-

ren Sinnesorganen spielt der Gehörsinn bei der sensorischen Produktbewertung jedoch eine geringere Rolle.

Das ist wohl auch der Grund, warum es sehr wenige wissenschaftliche Studien über Akustik in der Lebensmittelsensorik gibt. Allerdings beeinflusst nicht nur das Geräusch eines Lebensmittels selbst die Sinneswahrnehmung – auch Umgebungsgeräusche oder Hintergrundmusik verändern die sensorische Wahrnehmung und Bewertung eines Produktes. Woods et al. (2011) untersuchten, wie Hintergrundrauschen die empfundene Süße, Salzigkeit, Knusprigkeit und Akzeptanz beeinflusst, indem Testpersonen über Kopfhörer unterschiedlich lautes Rauschen hörten, während sie süße und salzige Snacks mit unterschiedlicher Knusprigkeit bzw. Weichheit verkosteten und sensorisch bewerteten. Bei lautem Hintergrundrauschen wurde die Süße von süßen Snacks und die Salzigkeit von pikanten Snacks weniger intensiv wahrgenommen als bei leisem Rauschen. Das betraf sowohl die weichen als auch die knusprigen Snacks. Die Akzeptanz war tendenziell etwas niedriger bei lautem Rauschen, dieser Effekt war aber nicht signifikant. In einem zweiten Experiment zeigten Woods et al. (2011), dass die empfundene Knusprigkeit von Snacks bei lautem Hintergrundgeräusch höher war als bei leisem.

De Liz Pocztaruk et al. (2011) ließen ihre Probanden drei Kekse mit unterschiedlicher Knusprigkeit bei vier unterschiedlichen Testbedingungen verkosten: bei akustischer Maskierung durch laute Geräusche via Kopfhörer, bei optischer Maskierung mit verschlossenen Augen, bei kombinierter akustischer und optischer Maskierung sowie ohne Maskierung. Die Testpersonen bewerteten die Intensität von elf Attributen zur Beschreibung von Textur und Geräusch der Kekse unmittelbar nach dem Kauen. Bei akustischer Maskierung wurden die Kekse beim Kauen im Geräusch als weniger knusprig und schnappend empfunden – allerdings nur dann, wenn die Testpersonen mit der kombinierten Maskierung begonnen hatten.

Geräusche beeinflussen den beiden genannten Studien zufolge somit die Geschmacks- und Texturwahrnehmung, die akustische Wahrnehmung beim Kauen aber nur unter bestimmten Testbedingungen.

In einer Studie wurde der Einfluss von Hintergrundmusik auf die sensorische Wahrnehmung von Wein untersucht (North o. J.). 250 Personen bewerteten ein Glas Wein, entweder Rotwein oder Weißwein, in einem von fünf Testräumen, in denen unterschiedliche Musik gespielt wurde. Die Testpersonen bewerteten ihren Wein in verschiedenen Attributen anhand einer Intensitätsskala von 0 bis 10. Bei kraftvoller und schwerer Musik wurden sowohl Rotwein als auch Weißwein als signifikant kraftvoller und schwerer befunden als ohne Musikbegleitung. Analog wurden bei zarter, feiner Musik beide Weine als zarter und feiner eingestuft als ohne Musik. Bei schwungvoller, erfrischender Musik wurden beide Weine als erfrischender bewertet. Sanfte, weiche Musik resultierte in einer höheren Bewertung von sanft und weich bei beiden Weinen.

## 2.6  Synästhesien

Eine Synästhesie ist das Ergebnis einer spezifischen Vernetzung im Gehirn, die relativ selten vorkommt. Durch diese Vernetzung haben Synästhetiker zu einzelnen Sinnesreizen zwei oder mehrere Empfindungen, z.B. können manche Worte schmecken oder Farben hören. Der Begriff Synästhesie leite sich von den altgriechischen Wörtern *syn* (zusammen) und *aisthesis* (Empfinden) ab. Da Synästhesien familiär gehäuft auftreten, geht man von einer erblichen Komponente aus. Man kann drei Synästhesie-Formen unterscheiden: die genuine Synästheise, Gefühlssynästhesie, Metaphorische Synästhesie (Deutsche Synästhesiegesellschaft e.V. 2010).

# 3 Überblick über sensorische Prüfmethoden

Sensorische Prüfmethoden werden in analytische (objektive) und *hedonische* (subjektive) Methoden eingeteilt (Abb. 3):

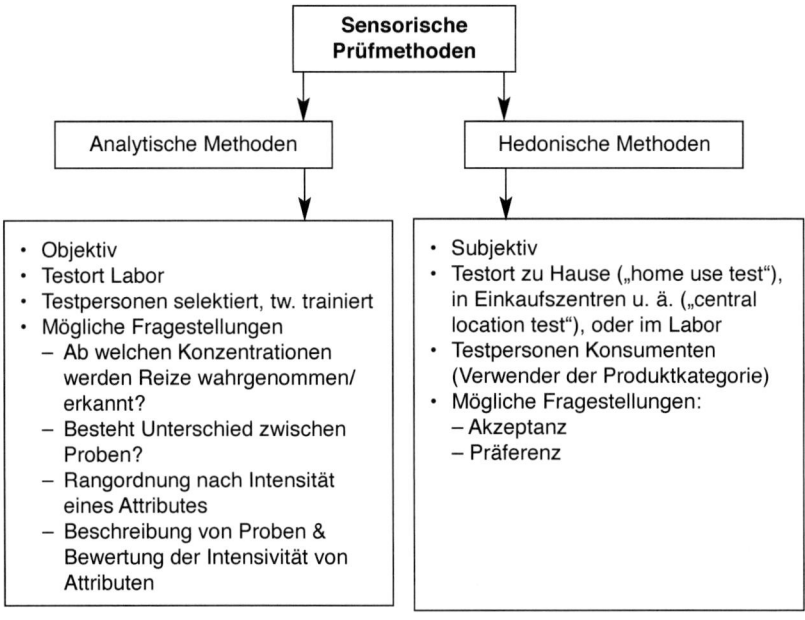

Abbildung 3: Einteilung sensorischer Prüfmethoden

Zu den analytischen Prüfmethoden zählen Schwellenprüfungen, *Unterschieds-prüfungen, Rangordnungsprüfungen,* Intensitätsbeurteilungen mittels einer Skala, *deskriptive Prüfungen* und *Zeit-Intensitätstests.*

Zu den *hedonischen Prüfungen* gehören alle Arten von *Akzeptanz- und Präfe-renztests,* inklusive Methoden zur Messung dynamischer Präferenzen.

Abbildung 2 bezieht sich ausschließlich auf Methoden, bei denen *Produkte* analysiert werden. Bei manchen sensorischen Fragestellungen geht es jedoch darum, *Personen(-gruppen)* zu analysieren: In Kapitel 9.2 wird aufgezeigt, mit welchen Methoden sensorisch sensible Personen als Tester ausgewählt werden können. Kapitel 9.6 zeigt, wie man die Leistung bereits trainierter Tester immer wieder überprüfen kann. Darüber hinaus gibt es Methoden zur Überprüfung des *sensorischen Gedächtnisses* von Menschen, etwa um herauszufinden ob Experten und Laien unterschiedlich gut im Erkennen und Benennen von Gerüchen sind. In einer derartigen Studie erhielten die Testpersonen 24 Riechproben, 12 davon wurden im ersten Durchgang gereicht, und nach einer Pause von 10 Minuten erhielten die Tester alle 24 Proben in zufälliger Reihenfolge. Die Aufgabenstellung war, die Proben in „alte" zuvor gerochene oder „neue" Proben einzuteilen, den Geruch so gut wie möglich zu benennen und ihre eigene Sicherheit bei den Bewertungen anzugeben. Die Experten waren besser bei der Identifikation alten oder neu, konnten die Gerüche allerdings nicht besser erkennen und benennen als Laien (Parr et al. 2002).

# 4 Testpersonen, Testraum und Probendarreichung für sensorische Prüfungen

## 4.1 Testpersonen

### 4.1.1 Testpersonen für analytische Prüfungen

Personen, die an analytischen sensorischen Prüfungen (= objektive Prüfmethoden, wo Produkte beispielsweise beschrieben und in ihrer Intensität bewertet oder auf etwaige Unterschiede getestet werden) teilnehmen, müssen bestimmte Anforderungen erfüllen. Neben Gesundheit und Hygiene (ohne Verwendung stark riechender Körperpflegemittel!) ist die Motivation an der Arbeit mit den Sinnen wichtig. Testpersonen, die an analytischen Prüfungen teilnehmen, werden aufgrund ihrer sensorischen Fähigkeiten ausgewählt und im Falle *deskriptiver Prüfungen* zusätzlich trainiert. Auf Details wird bei den jeweiligen Methoden eingegangen.

Unmittelbar vor und während der Trainings- oder Testzeiten darf nicht geraucht und es dürfen keine aromatischen Lebens- oder Genussmittel aufgenommen werden. Die Anzahl der Testpersonen hängt von der gewählten Methode ab.

### 4.1.2 Testpersonen für hedonische Prüfungen

Um die Beliebtheit von Produkten zu messen, werden Konsumenten aus der zu untersuchenden Zielgruppe = *Population* (z.B. Studierende, Frauen über 50, Kinder, alle Österreicher, ...) rekrutiert. Die sensorische Sensitivität der Testpersonen wird nicht berücksichtigt. Im Idealfall werden die Testpersonen zufällig aus der spezifizierten Zielgruppe ausgewählt und befragt. Zufällig heißt, dass jede Person der Zielgruppe die gleiche Wahrscheinlichkeit hat, befragt zu werden. In der Praxis müssen zwei Punkte berücksichtigt werden:

- Eine zufällige Auswahl aus der gesamten Zielgruppe kann nur mittels Melderegister und einem Screeningprogramm, in dem die Personen auf die Zielgruppen spezifischen Eigenschaften überprüft werden, erreicht werden und ist meist aus finanziellen und rechtlichen Gründen nicht realisierbar. Deshalb muss bei der Auswahl der Testpersonen umso mehr darauf geachtet werden, dass wichtige Teile der Zielgruppe, insbesondere solche, die sich vermutlich hinsichtlich der Beliebtheit der untersuchten Produkte unterscheiden, nicht systematisch ausgeschlossen oder überrepräsentiert werden. Dies kann zum Beispiel der Fall sein, wenn für die Teilnahme ein finanzieller Anreiz gesetzt wird, nur während der Geschäftszeiten rekrutiert wird oder nur Passanten in Einkaufsstraßen angesprochen werden.
- Generell wird ein Teil der ausgewählten Personen die Teilnahme verweigern (Non-Response). Selbst bei einer zufälligen Auswahl der Testpersonen kann dies zu beträchtlichen Verzerrungen des Ergebnisses (= Bias) führen, speziell wenn die Nicht-Teilnahme mit der Beliebtheit des untersuchten Produkts zusammenhängt.

Die beschriebenen Konsequenzen aus der Stichprobenziehung werden vom Stichprobenumfang *n* nicht beeinflusst. D.h. eine sehr große, aber hinsichtlich der Beliebtheit der Produkte verzerrte *Stichprobe* liefert ebenso verfälschte Ergebnisse wie eine kleinere *Stichprobe*. Die Festlegung der Stichprobengröße hängt von organisatorischen Faktoren (Kosten, Verfügbarkeit), den gewünschten Auswertungen, der Testmethode sowie der Anzahl und dem Beliebtheitsunterschied der zu testenden Produkte ab. Grundsätzlich gilt, dass die Beliebtheit eines Produkts mit einer großen *Stichprobe* genauer, d.h. mit einer geringeren Schwankungsbreite, bestimmt werden kann als mit einer kleineren *Stichprobe*. Dies hat auch die Konsequenz, dass beim Vergleich von Produkten mit einer größeren *Stichprobe* kleinere Beliebtheitsunterschiede zwischen Produkten statistisch nachgewiesen werden können. Möchte man umgekehrt die Gleichheit von Produkten nachweisen, kann mit einer kleinen *Stichprobe* nur ein relativ großer maximaler Unterschied (mit einer festgelegten Wahrscheinlichkeit) ausgeschlossen werden.
Der erforderliche Stichprobenumfang, um einen gewünschten Beliebtheitsunterschied zwischen zwei Erdbeerjoghurts nachzuweisen, kann aus den Abbil-

dungen 3 und 4 abgelesen werden. Die dargestellten Kurven gelten für einen Test, bei dem alle Personen beide Joghurts anhand einer metrischen Skala (9-Punkte-Skala) bewerten. Zur statistischen Analyse wird ein gepaarter *t-Test* (Kapitel 14.6) mit Irrtumswahrscheinlichkeit 5 % durchgeführt. Da eine Befragung eines Teils der gesamten Zielgruppe (einer Stichprobe) immer mit einer Unsicherheit behaftet ist, kann die gewünschte nachweisbare Differenz (z.B.: die neue Rezeptur muss mindestens 0,5 Punkte besser als die bisherige an der hedonischen 9-Punkte-Skala bewertet werden) nur mit einer bestimmten Wahrscheinlichkeit auch tatsächlich nachgewiesen werden. Diese Wahrscheinlichkeit wird *Power* genannt und entspricht 1 – dem β-*Fehler* (Kapitel 14.2). Abbildung 4 zeigt den Zusammenhang zwischen Stichprobengröße und kleinster nachweisbarer Differenz für eine *Power* von 50 %, Abbildung 5 für eine *Power* von 80 %.

**Power = 50%**

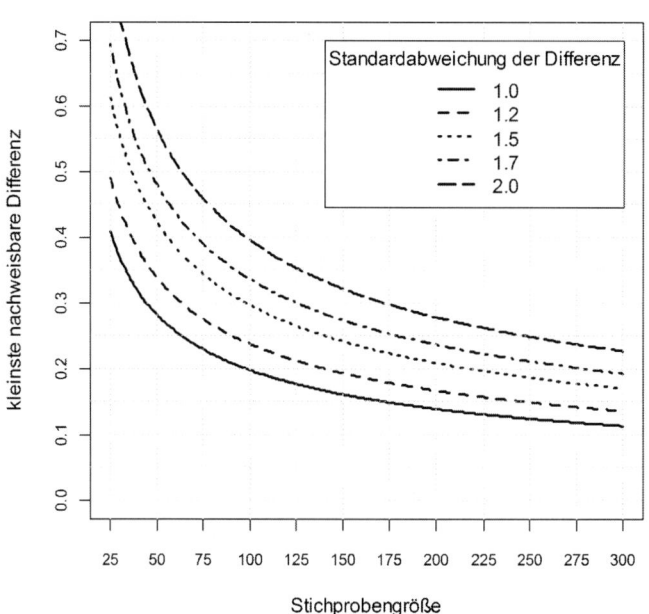

Abbildung 4: Zusammenhang zwischen Stichprobengröße und kleinster nachweisbarer Differenz bei einer Irrtumswahrscheinlichkeit (-Fehler) von 5 % und einer Power von 50 %.

**Power = 80%**

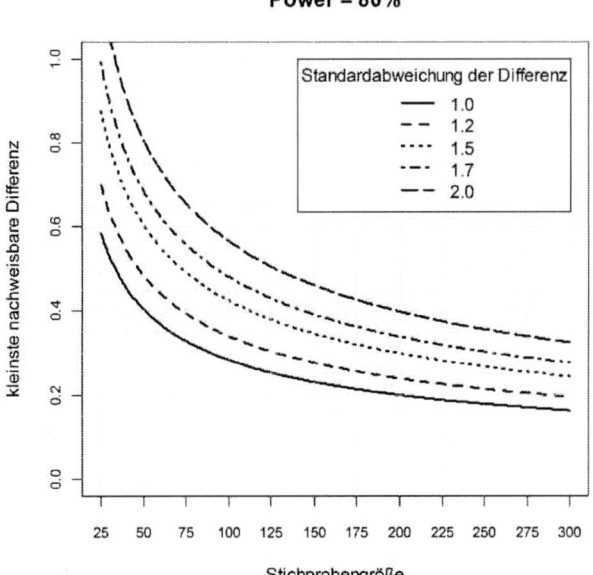

Abbildung 5: Zusammenhang zwischen Stichprobengröße und kleinster nachweisbarer Differenz bei einer Irrtumswahrscheinlichkeit (-Fehler) von 5 % und einer Power von 80 %.

Für die Ermittlung der Stichprobengröße muss neben der nachweisbaren Differenz und der *Power* auch die Standardabweichung des Beliebtheitsunterschieds angegeben werden. Beurteilen die Testpersonen den Unterschied in der Beliebtheit sehr ähnlich, d.h. sind sich die Personen weitgehend einig, führt dies zu einer geringeren Standardabweichung der Differenz und resultiert in einem reduzierten erforderlichen Stichprobenumfang. Naturgemäß ist die Standardabweichung zum Zeitpunkt der Versuchsplanung noch nicht bekannt. Schätzwerte können aus vergleichbaren früheren Studien, aus der Literatur oder aus Pilotstudien herangezogen werden. Werte zwischen 1 und 2 wie in der Abbildung dargestellt entsprechen dem aus der Literatur bekannten Spektrum für Tests an einer 9-Punkte Skala.

Umfasst die Auswertung auch die Analyse von Untergruppen, so vergrößert sich der notwendige Stichprobenumfang. Werden zum Beispiel 40 % Männer und 60 % Frauen befragt und anschließend getrennt ausgewertet, stehen für die Auswertungen der Männer nur 40 % der Daten zur Verfügung. Möchte man zusätzlich noch Altersgruppen unterscheiden und wurden 30 % unter 35-Jährige, 40 % 35–50-Jährige und 30 % über 50-Jährige befragt, stehen für die Auswertung der Frauen im Segment 50+ nur 18 % der Gesamtstichprobe zur Verfügung. Bei einer Gesamtstichprobe von n = 200 wären dies nur 36 Personen.

## 4.2 Testraum

### 4.2.1 Testraum für analytische Prüfungen

Testräume für objektive sensorische Prüfungen müssen hohe interne Validität der Testergebnisse ermöglichen, das heißt, die Testpersonen dürfen nicht durch ihre Umgebung beeinflusst werden. Analytische Prüfungen werden daher als Labortests durchgeführt.

Die deutsche Norm DIN10962 (1997) „Prüfbereiche für sensorische Prüfungen" legt Mindestanforderungen und wünschenswerte Bedingungen für einen Prüfraum fest. Durch Einhaltung der Mindestanforderungen wird eine einwandfreie Durchführung von sensorischen Prüfungen unter definierten Bedingungen gewährleistet. Neben dem Prüfraum sind auch Probenvorbereitungsraum und Büroraum in der Norm behandelt. Als Mindestanforderungen werden ein Prüfraum, in dem die Möglichkeit besteht, einzeln oder in Gruppen zu arbeiten sowie ein Vorbereitungsraum genannt. Der Prüfraum muss in unmittelbarer Nähe des Probenvorbereitungsraumes liegen, jedoch von ihm getrennt sein. Temperatur und relative Luftfeuchtigkeit des Prüfraumes sollten regulierbar und gleich bleibend sein, wobei eine Temperatur von 20 +/-3 °C sowie 40–70 % relative Luftfeuchtigkeit eingehalten werden sollten. Lärm ist zu vermeiden, und der Prüfraum muss geruchsneutral sein. Die Farbe von Wänden und Möbeln muss neutral und die Beleuchtung sollte gleich bleibend sein, jedoch weder blenden, noch zu hell sein, noch Schattenbildung hervorrufen.

Moderne Sensoriklabors sind mit Computern und speziellen Datenerfassungsprogrammen ausgestattet. Sie erlauben eine raschere und daher kostengünstigere Durchführung der sensorischen Prüfung, da Daten für statistische Auswertungen nicht händisch vom Papier in den Computer eingegeben werden müssen. Auch besteht keine Gefahr für Übertragungsfehler von Papier auf Computer.

Majchrzak und Wahl (2011) verglichen die Ergebnisse eines Panels im Labor und zuhause anhand verschiedener Lebensmittel. Sie kamen zum Schluss, dass beschreibende Analysen (siehe Kapitel 9.4) mit trainierten Testern auch zu Hause möglich sind, empfehlen dafür aber die Verwendung einer ähnlichen Lichtquelle wie im Labor. Die Anzahl der Begriffe sollte den Autoren zufolge limitiert sein, die Probenvorbereitung/Zubereitung muss einfach sein.

### 4.2.2  Testraum für hedonische Prüfungen

Zur Beurteilung von Akzeptanz und Präferenz von Produkten durch Konsumenten stehen mehrere Testorte zur Verfügung:

- **Labortests** sind Tests, die unter vollständig kontrollierten Bedingungen im Sensoriklabor stattfinden. Geschultes Personal wird zur Probenvorbereitung eingesetzt, wodurch Fehler (z. B. Temperaturunterschiede zwischen Testprodukten) verringert werden. Die Situation im Labortest spiegelt für die Testpersonen die am wenigsten „natürliche" Verzehrsituation wieder.
- **Central location tests** (CLT) sind Tests, die in den Räumlichkeiten eines beauftragten Marktforschungsinstitutes, in gemieteten Räumen von Restaurants oder großen Einkaufszentren stattfinden.
- Bei **Home use tests** (HUT) beurteilen die Testpersonen die Akzeptanz der Produkte zu Hause. Inwieweit diese Testsituation als natürliche Verzehrsituation beschrieben werden darf, ist fraglich, da sich Familienmitglieder oder Freunde über das Produkt unterhalten und sich gegenseitig beeinflussen können.

In einer französischen Studie wurde der Effekt des Testorts auf die Akzeptanzbeurteilung von Produkten untersucht. Der Testort (Labortest versus HUT) hatte bei dieser Studie keinen Einfluss auf die Akzeptanz (Nicod et al. 2003: P72). Hersleth et al. (2003: P64) untersuchten den Einfluss von drei Testbedingungen (Labortest, CLT, HUT) auf die Akzeptanz von sechs Käsesorten. Der Testort hatte in dieser Studie ebenso keinen signifikanten Einfluss auf die Akzeptanz. Hein et al. (2009) schlugen vor, Konsumenten im Labortest mental auf eine übliche Konsumsituation einzustimmen. Bei einem Apfelsafttest wurden die Konsumenten aufgefordert, sich eine Situation genau vorzustellen, in der sie etwas Erfrischendes trinken möchten, und diese Situation detailliert aufzuschreiben. Konsumenten in dieser „heraufbeschworenen" Situation differenzierten stärker zischen den Säften als Personen unter herkömmlichen Laborbedingungen, wo alle Säfte gleich akzeptabel eingestuft wurden.

Bei Konsumententests mit Sportgetränken müssen die Testprodukte entsprechend ihrer üblichen Verzehrsituation während oder nach sportlicher Aktivität verkostet und bewertet werden. Nach Passe et al. (2009) ist die Akzeptanz salzreicher Getränke vor, während und nach dem Sport (2 Stunden Aerobic) höher als in einer Testsituation ohne Sport. Die empfundene Salzigkeit bleibt hingegen gleich, mit und ohne Sport. Eine zweite Studie zeigte, dass bereits 10 Minuten Ergometer-Training für eine verringerte Wahrnehmung einer sauren Geschmackslösung (gemessen mittels *Zeit-Intensitäts-Test*) ausreichen. Die Empfindung süßer und bitterer Lösungen war hingegen unverändert (Nakagawa et al. 1996).

## 4.3 Darreichung der Testprodukte

### 4.3.1 Darreichung der Testprodukte für analytische Prüfungen

Bei analytischen Prüfungen werden Proben immer in verschlüsselter Form dargereicht, wobei die *Codierung* meist mit dreistelligen Zufallszahlen erfolgt. Werden die Ergebnisse computerisiert erfasst, so schlagen die entsprechenden Computerprogramme beim Erstellen des Designs Zufallszahlen vor.

Die Proben sollen entsprechend eines *balancierten* Blockdesigns angeboten werden. *Balanciert* bedeutet, dass jedes Produkt gleich oft von jeder Person getestet wird und dass die Reihenfolge der Proben möglichst ausgewogen ist. Jedes Produkt sollte gleich oft vor und nach jedem anderen Produkt sowie gleich oft an jeder Stelle getestet werden (Stone und Sidel 2004: 134). Welche Testperson die Proben in welcher Reihenfolge erhält, wird zufällig bestimmt (= *randomisiert*).

Kleine Probemengen sind zum Testen ausreichend. Es sollte jedoch bedacht werden, dass warme Speisen und Getränke rasch auskühlen, wenn sehr kleine Mengen verabreicht werden. Prüftemperaturen sind vom zu testenden Lebensmittel abhängig, müssen aber für alle Proben gleich sein. Gerade bei geringen Produktunterschieden können kleine unbeabsichtigte Unterschiede zwischen den Proben die Testergebnisse beeinflussen.

Jede Probe muss repräsentativ für das Prüfmuster sein. Schwierig sind dabei Produkte, bei denen Homogenität zwischen den Proben nur schwer gewährleistet werden kann. Werden Geräte zur Probennahme verwendet, so dürfen sie das zu testende Lebensmittel nicht verändern.

Die Anzahl der Proben hängt von der Art des zu testenden Lebensmittels und der Testmethode ab.

Als *Carrier* werden Produkte bezeichnet, welche die zu testenden Produkte normalerweise begleiten (z. B. Salat mit Dressing). Ob diese bei sensorischen Prüfungen verwendet werden sollen oder nicht, wird in der Literatur unterschiedlich behandelt. Die Gefahr bei der Verwendung von *Carriern* ist, dass vorhandene Produktunterschiede überdeckt werden können. Als weiteres Gegenargument wird genannt, dass Konsumenten für das gleiche Produkt mitunter unterschiedliche *Carrier* einsetzen.

Einige Produkte können nicht pur verkostet werden, daher werden sie in einer Matrix angeboten. Mamatha et al. (2008) verwendeten beispielsweise Maisstärkeschleim, um eine Dispersion mit Pfefferpulver und -öl für einen Zeit-Intensitätstest herzustellen.

### 4.3.2 Darreichung der Testprodukte für hedonische Prüfungen

Bei *hedonischen Prüfungen* können Produkte blind (mit dreistelligen *Codes,* ohne Bekanntgabe von Marke und Hersteller) oder mit Bekanntgabe der Produktmarke getestet werden. Die Proben können auf verschiedene Arten dargereicht werden:

* **Monadisch:** Nur ein einziges Produkt wird getestet. Diese Methode simuliert den normalen Konsum eines Produktes am besten und hat den Vorteil, für ALLE Produkte (auch für Produkte wie Chili, die aufgrund ihrer Intensität Schwierigkeiten beim Testen mehrerer Proben bereiten) geeignet zu sein.
* **Sequentiell monadisch:** Jede Testperson erhält zwei oder mehrere Produkte, eines nach dem anderen, und beurteilt jedes Produkt individuell. Wichtig ist auch hier ein *balanciertes* Testdesign und *randomisierte* Zuordnung der Proben. Der Einsatz eines Dummy-Produktes als Erstprodukt reduziert bei *sequentiell-monadischen* Designs Positionseffekte (Kofes et al. 2009).
* **Protomonadisch:** Ein monadischer Test gefolgt von einem Paarvergleich auf Präferenz.

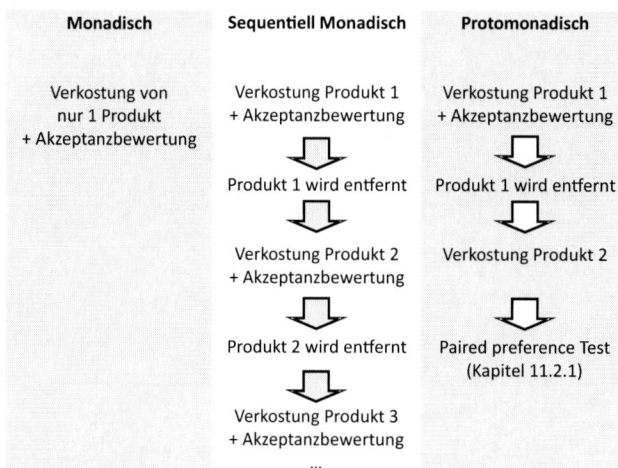

Abbildung 6: Monadisch – Sequentiell monadisch   Protomonadisch

Abbildung 7: Probenvorbereitung am Beispiel Erdbeerjoghurt

### 4.3.3   Beispiele zur Darreichung von Testprodukten

Tabelle 1 (siehe S. 55) enthält Beispiele, wie Produkte in Untersuchungen (analytischen und hedonischen) vorbereitet/dargereicht wurden. Bei der Planung einer Studie empfiehlt es sich, die verwendeten Darreichungsformen von ähnlichen Studien zum Lebensmittel zu vergleichen sowie die landesüblichen Verzehrsgewohnheiten zu berücksichtigen. Kaffee wird beispielsweise in verschiedenen Ländern unterschiedlich zubereitet – sowohl hinsichtlich Brühmethode als auch der Konzentration.

*Tabelle 1: Probenvorbereitung für sensorische Untersuchungen*

| Produkt | Darreichung | Quelle |
|---|---|---|
| Vollkornbrot | ganze Brotscheiben (13 mm dick) | Kihlberg et al. 2004 |
| Karotten | geschält und in 2 cm lange Stücke geschnitten, sowie geschält und gerieben | Haglund et al. 1999 |
| Birnen | geschält und im Rohzustand püriert, zugedeckt bei Raumtemperatur dargereicht | Derndorfer et al. 2005 |
| Joghurt | in 4 cl Verkostungsbechern, gleiche Temperatur, bei Früchten auf Verteilung achten! | eigene Erfahrung |
| Käse | einheitliche Stückgröße z.B. 2 cm große Würfel oder relativ dünne Käsedreiecke 2x2x6 cm. einheitliche Temperatur der Käseproben, wobei diese in der Literatur stark variiert | Piggot und Mowat 1991, Tejada et al. 2006 |
| Hühnerbrust | gekochtes Fleisch im ausgekühlten Zustand in 2 cm Würfel geschnitten, bei Raumtemperatur angeboten | Lawlor et al. 2003 |
| Lachs | im eigenen Saft ohne Zusätze gegart, 50 g Portionen serviert | Green-Peterse et al. 2006 |
| Öl | spezifisches dunkles Degustationsglas mit Glasdeckel | Bongartz 2006 |
| Kaffee | in Hitze stabilen Bechern, abgedeckt, gleiche Temperatur für alle Proben. Vorsicht, Kaffee in der Thermoskanne verändert sich nach einiger Zeit! | eigene Erfahrung |
| Grüntee | 45 ml Tee in vorgewärmten Porzellantassen | Lee und Chambers 2007 |

# 5    Schwellenprüfungen

## 5.1    Grundlagen

Schwellenwerte werden oft fälschlicherweise als exakte Reizintensitäten, welche die untere Grenze des sensorischen Systems beschreiben, bezeichnet. Das ist insofern nicht richtig, da derselbe Reiz bei Wiederholung nicht immer die gleiche Empfindung hervorruft und dieselbe Person einen sehr schwachen Reiz manchmal wahrnimmt und manchmal nicht. Die Gründe dafür sind teils psychologischer, teils physiologischer Natur (Bi und Ennis 1998). Die Schwelle ist daher keine Intensität, die aus einer einzigen Messung ermittelt werden kann, sondern basiert auf der statistischen Berechnung mehrfacher Reiz-Exposition (Handwerker 1997: 208).

## 5.2    Arten von Schwellen

Es werden vier Arten von Schwellen unterschieden:
- *Reizschwelle* oder Absolutschwelle = niedrigste Reizintensität, die gerade noch eine Empfindung hervorruft, ohne dass die Empfindung erkennbar ist (z. B. wenn eine sehr niedrig konzentrierte Zuckerlösung nicht wie reines Wasser schmeckt, aber man noch nicht erkennt, dass sie süß ist)
- *Erkennungsschwelle* = minimale Reizintensität, die eine qualitativ erkennbare Empfindung wie z. B. süß hervorruft
- *Unterschiedsschwelle* = Steigerung der Reizintensität, die gerade noch wahrnehmbar ist = „just noticeable difference" = JND
- *Sättigungsschwelle* = Schwelle der maximalen Empfindung, die Empfindung kann auch durch Reizverstärkung nicht mehr erhöht werden. Ist die *Sättigungsschwelle* überschritten, kann beispielsweise bei sehr süßen Produkten durch weiteren Zuckerzusatz keine Erhöhung der empfundenen Süße mehr erreicht werden.

*Methoden zur individuellen Reizschwellenbestimmung*

Bei der „Grenzmethode" werden abwechselnd auf- und absteigende Reiz-Serien (normalerweise wässrige Lösungen, die eine Substanz – z. B. Zucker – in unterschiedlichen Konzentrationen enthalten) angeboten. Man beginnt mit einem Reiz, der von der Testperson wahrgenommen wird und verringert ihn sukzessive, bis man unter die *Reizschwelle* der Person gelangt. In Folge beginnt man mit einem unterschwelligen, schwachen Reiz und erhöht ihn langsam, bis die Person wieder etwas wahrnimmt. Es müssen mehrere Werte gewonnen und der Durchschnittswert gebildet werden (Handwerker 1997: 208).

Bei der „Konstantreizmethode" werden verschieden starke Reize mehrmals wiederholt in *randomisierter* Reihenfolge angeboten, und die Testperson gibt jeweils an, ob sie den Reiz wahrnimmt oder nicht. Der Prozentsatz der wahrgenommenen Reize bei den verschiedenen Reizstärken wird als Kurve aufgezeichnet, wobei die x-Koordinate die Reizstärke, die y-Koordinate die % der erkannten Reize sind. In den meisten Fällen erhält man dabei eine S-förmige Kurve (Abb. 8) (Handwerker 1997: 208). Als Schwelle wird jene Reizintensität definiert, bei der 50 % der Reize erkannt werden (Ennis 2000; Handwerker 1997: 208); der Wert muss dabei kein gemessener sein, sondern kann mit Hilfe der Kurve berechnet werden.

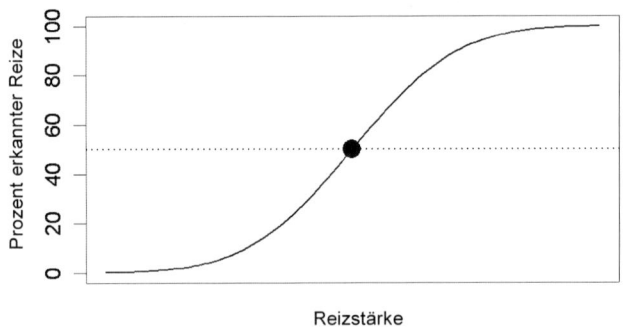

Abbildung 8: Bestimmung der individuellen Reizschwelle

*Methoden zur Reizschwellenbestimmung einer Grundgesamtheit*

Es existieren zwei Definitionen für die Schwelle einer Grundgesamtheit:
- Die *Reizschwelle* ist der *Median* (= mittlerer Messwert, es sind gleich viele Messwerte größer und kleiner) individueller Schwellenwerte von Personen aus dieser Grundgesamtheit. Dies stellt allerdings einen sehr zeitaufwendigen Prozess dar.
- Die *Reizschwelle* einer *Population* ist jene Reizkonzentration, die bei der Hälfte der Bevölkerung eine Empfindung hervorruft. Zu diesem Zweck müssen keine individuellen Schwellen bestimmt werden (Ennis 2000).

*Praktische Überlegungen zur Durchführung von Schwellenprüfungen*

Aufgrund der geringen Konzentrationen fallen bei Schwellenprüfungen kleine Unachtsamkeiten ins Gewicht. So kann nach Grüb (2004: I.4: 8) bei Geruchs- und Geschmacksschwellenwertbestimmungen Wasser, das oft als Lösungsmittel beziehungsweise Verdünnungsmittel bei der Probevorbereitung verwendet wird, ein Problem darstellen. Wird doppelt destilliertes Wasser verwendet, geben Glas o. a. Gefäßmaterialien innerhalb kurzer Zeit Substanzen ab, die wiederum die Schwellenbestimmung beeinflussen. Weiters müssen einmal zubereitete, derartig verdünnte Lösungen rasch verbraucht werden, da sie anfällig für Veränderungen sind. Eine neue Studie zeigte auf, dass das verwendete Wasser (entionisiertes Wasser, Leitungswasser oder in Flaschen abgefülltes Quellwasser) die *Wahrnehmungs- und Erkennungsschwelle* von sauer durch Zitronensäure signifikant beeinflusst. Beide Schwellen waren bei Verwendung von entionisiertem Wasser am niedrigsten, d.h. dass weniger Zitronensäure nötig war um wahrgenommen bzw. erkannt zu werden. Auch das Erkennen von metallisch (Eisen-II-Sulfat) in wässriger Lösung war im Matching Test bei entionisiertem Wasser am besten (Hoehl et al. 2010).

# 6 Unterschiedsprüfungen

## 6.1 Grundlagen

*Unterschiedsprüfungen* werden in der Lebens- und Genussmittelindustrie bei Fragestellungen eingesetzt, welche die Unterscheidbarkeit von sehr ähnlichen Produkten behandeln. Muss beispielsweise bei einem Erdbeerjoghurt der Lieferant der Fruchtzubereitung gewechselt werden und man möchte sicherstellen, dass das resultierende Joghurt nicht anders als das ursprüngliche Joghurt schmeckt, wird eine *Unterschiedsprüfung* herangezogen. Weitere Beispiele sind:

- Kostenreduktionen (wenn die Produktionskosten durch Verwendung alternativer Zutaten oder Technologien gesenkt werden sollen, ohne dass das Produkt dadurch merklich verändert wird)
- Entwicklung von me-too Produkten (Produkte, die Kopien der Konkurrenz darstellen)
- Umpositionierung (wenn eine gezielte Rezepturänderung wahrgenommen werden soll)
- Identifikation unbeabsichtigter Veränderungen (Nullserien)
- Auswahl von geeigneten Testpersonen für *deskriptive Prüfungen* (Kapitel 9)
- als Vortest für *Präferenz- oder Akzeptanztests*, um sicherzustellen, dass die Produkte überhaupt unterscheidbar sind (Scharf 2000: 201–203).

Es gibt eine Vielzahl an Methoden, die im Anschluss erläutert werden. All diese Methoden sind „forced-choice procedures", das heißt, dass die Testpersonen eine Entscheidung treffen müssen. Für die Auswahl eines geeigneten Testverfahrens muss die Natur des Lebensmittels berücksichtigt werden. Scharfe oder sehr intensiv riechende beziehungsweise schmeckende Produkte limitieren die Probenanzahl.

## 6.2 Empfindung ähnlicher und gleicher Reize

*Unterschiedsprüfungen* erfolgen grundsätzlich nur mit sehr ähnlichen Proben. Offensichtlich voneinander unterschiedliche Produkte benötigen keine derartige Überprüfung.

Sind zwei Reize ähnlicher als die *Unterschiedsschwelle*, werden sie nicht voneinander unterschieden; das heißt, zwei unterschiedliche Reize können identische Empfindung auslösen (Scharf 2000: 203). Andererseits ist die Empfindung desselben Produktes bei mehrmaligem Testen zu unterschiedlichen Zeitpunkten nicht immer identisch, das heißt, derselbe Reiz kann zu unterschiedlicher Empfindung führen (Scharf 2000: 204).

Für diese Variation gibt es verschiedene Ursachen (O'Mahony und Rousseau 2002: 158f):

- Zufällige spontane Erregungen im Nervensystem
- Sensorische *Adaption*, z. B. durch Rückstände von der zuvor getesteten Probe im Mund
- Unterschiedliche Anzahl an Rezeptoren, welche die Empfindung auslösen
- Inhomogenität des Produktes (innerhalb derselben Probe oder zwischen mehreren Einzelproben derselben Probemenge)

Die Empfindung ein und desselben Produktes ist also bei mehrmaligem Testen nicht konstant. Da sich die Abweichungen aus einer Vielzahl weitgehend voneinander unabhängiger Variationsursachen zusammensetzt, kann die Variation in der Empfindung mit einer *Normalverteilung* (Abb. 9) beschrieben werden (O'Mahony und Rousseau 2002: 158f).

Das Ausmaß des Unterschiedes zwischen zwei verschiedenen Produkten (Abb. 10) wird in der Literatur mit $\delta$ und $d'$ bezeichnet; $\delta$ ist der Parameter für die untersuchte Bevölkerung, $d'$ dessen experimenteller Schätzwert (O'Mahony und Rousseau 2002: 159). Je größer $d'$, umso unterschiedlicher werden Produkte empfunden. $d' = 2$ bedeutet, dass die Mittelwerte von zwei Verteilungen zwei Standardabweichungen voneinander entfernt sind. Für die Berechnung von $d'$ wird auf einschlägige Literatur verwiesen (O'Mahony and Rousseau 2002: 162–163; O'Mahony 1992: 38–44; Scharf 2000: 242–245).

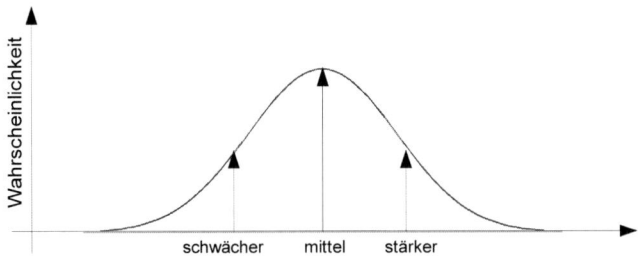

Abbildung 9: Häufigkeitsverteilung der Empfindung desselben Reizes (eigene Graphik, modifiziert nach O'Mahony 1995: 230)

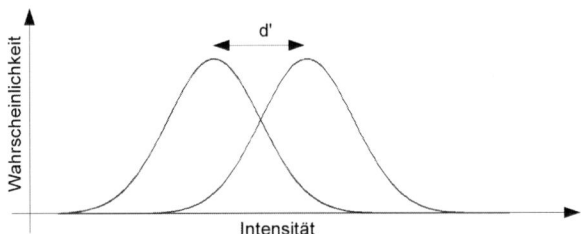

Abbildung 10: d'-Ausmaß des Unterschiedes zwischen zwei Proben X und Y (eigene Graphik, modifiziert nach O'Mahony und Rousseau 2002: 159)

## 6.3 Anzahl und Art der Testpersonen für Unterschieds- prüfungen

Wie bereits in Kapitel 4.1.1 erwähnt, hängt die Anzahl der Testpersonen von der eingesetzten Methode ab. Ein weiterer Faktor ist, ob man auf Unterschied oder Gleichheit testet. Unterscheiden sich zwei Produkte nicht signifikant vonein-ander, so bedeutet das jedoch noch nicht, dass sie gleich sind (Arents et al. 2002). Es kann sein, dass aufgrund einer zu kleinen *Stichprobe* oder einer unge-eigneten Methodenauswahl tatsächlich vorhandene Unterschiede nicht erkannt werden. Ein Test auf Unterschied und ein Test auf Gleichheit erfordern unterschiedliche Statistiken und unterschiedlich viele Prüfpersonen (mehr Prüfpersonen bei Test auf Gleichheit). Für Tests auf Unterschied muss der *α-Fehler* festgelegt werden, für Tests auf Gleichheit der *β-Fehler* (Kapitel 14.1

und Glossar). Früher wurde die Frage nach Unterschied oft mit einer Zusatzfrage nach Bevorzugung kombiniert (= „erweiterte Dreiecksprüfung"). Diese Kombination entspricht längst nicht mehr dem Stand der Wissenschaft, da zwei verschiedene Prüfungsformen – analytisch und hedonisch – vermischt werden. (Busch-Stockfisch 2003: 2).

Über die Art der Testpersonen existieren unterschiedliche Auffassungen. Oft werden Mitarbeiter der eigenen Firma aufgrund ihrer Involvierung und ihrer leichteren Verfügbarkeit herangezogen. Dagegen spricht jedoch, dass diese mitunter über relevante Informationen verfügen (Rezepturbestandteile, Herstellungsverfahren, ...) und die Wahrnehmung unter Umständen entsprechend beeinflusst sein kann. Eine Alternative zu internen Mitarbeitern stellt eine größere Gruppe untrainierter Konsumenten der Zielgruppe dar. Dies hat allerdings den Nachteil, dass ein deutlicher Prozentsatz untrainierter Konsumenten nachweislich nicht fähig ist, wahrnehmbare Unterschiede zu erkennen. Sensorische Produktunterschiede werden folglich mitunter im Test nicht erkannt. Eine dritte Möglichkeit ist, eine kleine Anzahl überdurchschnittlich sensibler Prüfpersonen heranzuziehen. Diese Variante ist in Situationen, wo die interne Validität im Vordergrund steht, gerechtfertigt. Ein Beispiel wäre die Ermittlung des Einflusses geringfügiger chemisch-physikalischer Änderungen am Produkt und der sensorischen Wahrnehmung in frühen Stadien der Produktentwicklung. In Situationen, wo externe Validität wichtig ist (z. B. bei Kostenreduktionen) erkennt diese sensible Gruppe kleine Produktunterschiede eher als die Zielgruppe (Käufer des Produktes). Folglich werden unter Umständen Varianten gewählt, bei denen das Kostenreduktionspotenzial nicht voll ausgeschöpft wurde (Scharf 2000: 204f).

Auch Kinder wurden in mehreren Studien als Testpersonen eingesetzt, mit unterschiedlichen Resultaten. Bei 4- bis 5-Jährigen wurde anhand eines gezuckerten Orangengetränkes festgestellt, dass 5-Jährige zwar fähig sind, Unterschiede in der Süße zu detektieren, allerdings in einem geringeren Ausmaß als junge Erwachsene. 4-Jährige sind hingegen nicht in der Lage, die Süße der Getränke bei Paarvergleichen (2-AFC) oder Rangordnungsprüfungen zu unterscheiden, wenngleich sie unterschiedliche Vorlieben für die Testprodukte haben (Liem et al. 2004). Rangordnungen nach Ähnlichkeit wurden als „kinderfreundliche" Variante für 9–12-Jährige anstelle von Unterschiedsprüfungen eingesetzt (Liem et al. 2006).

Alle Testpersonen müssen die zu testende Produktkategorie (z. B. Joghurt) mögen und willig sein diese auch zu testen. Stone und Sidel (2004: 163f) empfehlen sowohl eine minimale als auch maximale Test-Häufigkeit pro Testperson. Die Fähigkeit der Testpersonen sollte nicht nur bei deren Auswahl, sondern auch langfristig festgehalten werden, da sich die Leistung im Laufe der Zeit auch verschlechtern kann.

## 6.4 Methoden

Man unterscheidet Methoden zur Ermittlung ganzheitlicher Produktunterschiede und Methoden zur Ermittlung merkmalsbezogener Produktunterschiede (Knoblich et al. 2003: 171).
Einige Beispiele sind in Tabelle 2 dargestellt.

*Tabelle 2: Überblick über gängige Unterschiedsprüfungen*

| Methoden zur Ermittlung ganzheitlicher Produktunterschiede | Methoden zur Ermittlung merkmalsbezogener Produktunterschiede |
|---|---|
| • Triangeltest = Dreieckstest<br>• Duo-Trio-Test<br>• 2-aus-5-Test<br>• Same-different Test<br>• A- not A Test = Einprobentest | • Merkmalsbezogener Paarvergleich = 2AFC<br>• 3AFC |

### 6.4.1 Triangeltest oder Dreieckstest

Der *Dreieckstest* ist die bekannteste und am weitesten verbreitete sensorische Prüfmethode. Das geht auch aus dem DLG-Trendmonitor Lebensmittelsensorik 2011 hervor. Von den in Deutschlands Unternehmen eingesetzten Unterschiedsprüfungen wird der Dreieckstest in 63% der Fälle durchgeführt. Er ist in der Durchführung einfach: Jede Prüfperson erhält drei Proben, wovon zwei gleich sind. Es wird nach der abweichenden Probe gefragt. Es gibt also sechs mögliche Probenfolgen: AAB, ABA, BAA, ABB, BAB, BBA. Werden 30 Testpersonen herangezogen, erhalten jeweils fünf Personen die gleiche Reihenfolge.

*Beispiel: Triangeltest mit Erdbeerjoghurt*

Sie erhalten 3 Proben Joghurt. Bitte testen Sie die Proben von links nach rechts und kreuzen Sie an, welche Probe von den anderen beiden abweicht. Sie müssen eine Entscheidung treffen! Rückkosten ist erlaubt.

○ 271  ○ 430  ○ 933

Die statistische Auswertung des Dreieckstests ist in Kapitel 14.2 beschrieben. In Frankreich wurde ein Ringversuch realisiert, im Zuge dessen Dreieckstests mit den gleichen Produkten von 15 Testergruppen in neun Labors durchgeführt wurden (Sauvageot et al. 2012). Von den 15 Gruppen bestanden acht aus ungeschulten Konsumententestern, vier Gruppen aus qualifizierten Probanden, welche auf Basis ihrer sensorischen Fähigkeiten ausgewählt worden waren und ein allgemeines Sensoriktraining hinter sich hatten, sowie drei Gruppen aus ausgewählten und trainierten Testern, die bereits Erfahrung mit Dreieckstests hatten. Der Anteil richtiger Antworten war bei den trainierten Testern etwas besser als bei den qualifizierten, welche wiederum etwas besser als die Konsumenten abschnitten. Die Unterschiede waren allerdings gering, weshalb die Autoren beim Dreieckstest zu gleicher Prüferanzahl bei trainierten und Konsumententestern raten. Auch wenn akkreditierte Labors testen, ist das Ergebnis nicht immer gleich.

## 6.4.2 Duo-Trio-Test

Beim *Duo-Trio-Test* werden den Testpersonen 3 Proben (K, A, B) gereicht, wovon eine als Kontrollprobe K gekennzeichnet ist. K ist entweder mit A oder B identisch. Die Testpersonen müssen herausfinden, welche der Proben A und B von K unterschiedlich ist.

Es werden zwei Varianten unterschieden:

- Beim „constant reference mode" ist immer die gleiche Probe die Kontrollprobe K. Diese Variante ist vor allem dann sinnvoll, wenn die Kontrollprobe den Testpersonen bekannt ist, z. B. der Marktführer des Produktes (Scharf 2000: 221).
- Beim „balanced reference mode" werden die Proben A und B abwechselnd als Kontrollprobe K eingesetzt.

Der *Duo-Trio-Test* hat sich vor allem dann als sinnvoll erwiesen, wenn Produkte mit sehr intensivem Geruch, Geschmack oder *kinästhetischen* Effekten getestet werden (Stone und Sidel 2004: 152), da nur zwei Vergleiche stattfinden (K mit A und K mit B) und nicht, wie beim *Dreieckstest,* drei Vergleiche (alle drei Proben miteinander). Die Wahrscheinlichkeit, das richtige Ergebnis zu erraten, liegt jedoch höher als beim *Dreieckstest.* Die statistische Auswertung ist in Kapitel 14.2 beschrieben.

*Beispiel: Duo-Trio-Test mit Erdbeerjoghurt*

> Vor Ihnen stehen drei Proben: K ist die Kontrollprobe, die beiden anderen sind die Analysenproben. Testen Sie bitte zuerst die Kontrollprobe und danach die beiden Analysenproben. Kreuzen Sie die Nummer jener Probe an, die der Kontrollprobe K entspricht. Sie müssen eine Entscheidung treffen. Rückkosten ist erlaubt.
>
> ○ 430   ○ 933

Dass auch die Position der Kontrollprobe das Ergebnis beeinflusst, wurde von Lee und Kim (2008) demonstriert. Sie verglichen die traditionelle Duo-Trio-Methode, bei der die Referenzprobe immer als erste Probe verkostet wird (DTF), mit einer Variante, wo die Kontrollprobe als mittlere Probe verkostet wird (DTM), sowie mit einer dritten Variante, bei der die Referenzprobe zweimal gereicht wird, als erste und als letzte Probe (DTFR). Bei der Variante DTFR erhalten die Testpersonen vier Proben. Der berechnete $d'$-Wert war bei DTFR am größten, gefolgt von DTF und DTM.

## 6.4.3   2 aus 5-Test

Wie der Name sagt, werden bei diesem Test fünf Proben gereicht, wovon je zwei und drei Proben gleich sind, z. B. AABBB. Der Vorteil dieser Methode liegt in der geringen *Ratewahrscheinlichkeit* (10 %). Der Nachteil liegt darin, dass viele Proben miteinander verglichen werden müssen. Bei sehr scharfen, intensiven Produkten ist diese Methode folglich nicht geeignet.
Die Auswertung der Ergebnisse des *2 aus 5 Tests* ist in Kapitel 14.2 beschrieben.

## 6.4.4 Same/different Test

Beim *Same/different Test* werden zwei Proben gereicht, die entweder gleich oder unterschiedlich sein können. Es gibt vier Kombinationsmöglichkeiten (AA, BB, AB, BA), die systematisch über alle Prüfpersonen variiert werden. Die Testpersonen müssen entscheiden, ob es sich um gleiche oder unterschiedliche Proben handelt.

Der *Same/different Test* hat gegenüber *Triangel-* oder *Duo-Trio-Test* den Vorteil, statistisch höhere *Power* zu besitzen. Statistische *Power* ist die Fähigkeit eines Tests, einen signifikanten Unterschied zu finden wenn er existiert (Rousseau und O'Mahony 2000: 457).

Der Nachteil dieser Methode ist der so genannte „response bias": Eine Prüfperson muss sich – im Gegensatz zu Methoden, wo man weiß, dass eine Probe abweicht – entscheiden, ab wann eine Empfindung als unterschiedlich eingestuft wird. Man spricht auch vom sog. $\tau$-*Kriterium* (Ennis et al. 1988). Diese Entscheidung ist unabhängig von der Sensitivität einer Prüfperson und lediglich psychologischer Natur (Rousseau und O'Mahony 2001: 164).

Das $\beta$-*Kriterium* hingegen ist die Grenze, ab der ein Reiz beispielsweise als süß bezeichnet wird. Diese Entscheidung ist kognitiv und unabhängig von der Sensibilität der Testperson (O'Mahony und Rousseau 2002: 157). Lill (2002: II.6: 6) bezeichnet das $\beta$-*Kriterium* als „Reaktionsneigungsindex" beziehungsweise als die Risikobereitschaft von Versuchspersonen.

Um den „response bias" zu überkommen, fragten Avancini de Almeida et al. (1999: 7) Testpersonen in einer Studie zusätzlich nach der Sicherheit ihrer Beurteilung („same-sure", „same-not sure", „different-sure", „different-not sure").

Die statistische Auswertung beim Same-different Test erfolgt mit Hilfe des R-Index. Der R-Index ist eine kalkulierte Wahrscheinlichkeit, dass zwischen zwei Produkten unterschieden wird:

- 100 % = perfekte Unterscheidung
- 50 % = Ratewahrscheinlichkeit = keine Unterscheidung
- < 50 % = geringer als Ratewahrscheinlichkeit (Hinweis auf Versuchsfehler!)

## 6.4.5 A-Not A Test (Einprobentest)

Beim *A-not A Test* erlernen die Testpersonen in einer Schulungsphase die Probe „A" zu erkennen. In der anschließenden Testphase werden den Testpersonen in willkürlicher Reihenfolge mehrere Proben „A" beziehungsweise „Nicht-A" vorgelegt, und die Personen geben an, ob die jeweiligen Proben mit dem erlernten Standard übereinstimmen oder nicht (Lill 2002: II.6: 1). Die Referenzprobe muss also im Gedächtnis gespeichert werden.

Es ist möglich, nur Probe „A" als Referenz zu verwenden. In diesem Fall gibt es zwei mögliche Darreichungen: A-A und A-NichtA. Alternativ werden beide Proben als Referenz eingesetzt; mögliche Darreichungen sind dann A-A, A-NichtA, NichtA-A, NichtA-NichtA.

Der *A-Not A Test* ist vor allem dann von Vorteil, wenn die Gefahr besteht, dass unkontrollierbare Faktoren (wie z. B. die Form von Eiskugeln) das Testergebnis verzerren können (Scharf 2000: 218).

*Beispiel: A-Not A Test mit Erdbeerjoghurt*

Sie erhalten zuerst Probe A. Bitte verkosten Sie die Probe und geben Sie diese wieder an den Versuchsleiter zurück.

Vor Ihnen stehen nun einige Proben Erdbeerjoghurt. Diese bestehen aus „A" und „Nicht-A" Proben in zufälliger Reihenfolge. Alle Proben „Nicht A" sind identisch. Die Anzahl der Proben „A" und „Nicht A" wird Ihnen nicht bekannt gegeben.

Bitte testen Sie nun die codierten Proben in der vorgegebenen Reihenfolge und kreuzen Sie an, welche der Proben „A" und welche „Nicht A" entsprechen. Sie müssen eine Entscheidung treffen!

|     | A | Nicht A |
|-----|---|---------|
| 661 | ○ | ○ |
| 974 | ○ | ○ |
| 833 | ○ | ○ |

(modifiziert nach Busch-Stockfisch 2002, Anhang 2.II-6 a)

## 6.4.6  Merkmalsbezogener Paarvergleich (2-AFC)

Der *merkmalsbezogene Paarvergleich* oder 2-Alternative-Forced-Choice Test stellt einen direkten, gerichteten Vergleich von zwei Proben in einem spezifische Attribut dar (z. B. süß). Es gibt nur zwei mögliche Reihenfolgen, AB und BA, welche gleich oft vorkommen sollen. Es muss sichergestellt werden, dass das zu beurteilende Attribut von den Testpersonen gleich verstanden wird. Der Paarvergleich ist nach dem Dreieckstest die am zweithäufigsten verwendete Unterschiedsprüfmethode in Deutschland (DLG Trendmonitor 2011).

*Beispiel: Merkmalsbezogener Paarvergleich mit Erdbeerjoghurt*

> Sie erhalten 2 Proben Joghurt. Bitte testen Sie die Proben von links nach rechts und kreuzen Sie an, welche Probe **süßer** ist. Sie müssen eine Entscheidung treffen!
>
> ○ 955   ○ 601

Es darf dabei nicht automatisch davon ausgegangen werden, dass durch physikalische oder chemische Unterschiede zwischen zwei Produkten die korrespondierende sensorische Wahrnehmung hervorgerufen wird. Ein Produkt mit weniger Süßungsmittel kann als weniger süß, gleich süß aber auch als süßer als ein anderes wahrgenommen werden, abhängig von allen anderen Inhaltsstoffen (Stone und Sidel 2004: 184).

Wie in 6.3 beschrieben, führten Liem et al. (2004) Paarvergleiche mit 4- und 5-jährigen Kindern mit Orangeadeproben, die unterschiedliche Zuckergehalte aufwiesen, durch. Während die 4-jährigen Kinder nicht in der Lage waren, Proben mit höheren Zuckergehalten zu identifizieren, konnten 5-jährige Kinder Unterschiede identifizieren, wenn auch in geringerem Ausmaß als junge Erwachsene. Bei derartigen Untersuchungen muss selbstverständlich gewährleistet werden, dass Kinder die Aufgabenstellung begreifen und das Attribut verstehen. Es sei an dieser Stelle jedoch noch einmal darauf hingewiesen, dass selbst der Einsatz erwachsener Testpersonen, die nicht aufgrund sensorischer Fähigkeiten ausgewählt wurden, mitunter problematisch sein kann. Kinder sollten für altersgerechte *hedonische Prüfungen* (Akzeptanz, Präferenz) herangezogen werden anstatt für analytische Prüfungen!

In den letzten Jahren wurden mehrere Modifikationen des klassischen 2-AFC vorgeschlagen:

- SD-2-AFC: McClure und Lawless (2010) empfahlen, dass anstelle eines vorgegebenen Attributes die Testpersonen nach der Verkostung selbst ein Attribut vorschlagen können, welches die Proben primär unterscheidet. Anhand dieses Attributes kann die intensivere Probe bestimmt werden. Diese Methodenvariation wird als self-defined-2-AFC (SD-2-AFC) bezeichnet.

- 2AC: Chacon und Sepulveda (2011) erweiterten den klassischen 2-AFC Test hingegen um die Option, dass die Tester anstelle der in einem Attribut intensiveren Probe auch „keinen Unterschied" sowie „Ich weiß es nicht" bewerten können. Damit ist der Test kein forced-choice Test mehr. Bei der Auswertung werden alle Bewertungen ohne Unterschied ignoriert und nur der Prozentsatz richtiger Antworten ausgewertet. Mit den beiden Zusatzvarianten konnte besser zwischen den Proben unterschieden werden als beim herkömmlichen 2-AFC Test – und auch besser als bei der ausschließlichen Zusatzoption „Ich weiß es nicht". Die Option „Ich weiß es nicht" stellt psychologisch die persönliche Kompetenz der Prüfperson infrage, die Variante „kein Unterschied" erscheint für die Tester im Vergleich die attraktivere Wahl.

### 6.4.7   3-AFC Test

Der 3-Alternative-Forced-Choice Test basiert wie der *Dreieckstest* auf drei Proben, wovon zwei gleich sind. Es wird jedoch nicht nach der abweichenden Probe gefragt, sondern wie beim *2-AFC Test* nach der in einem spezifischen Attribut (z. B. süß) intensivsten Probe. Es gibt sechs mögliche Probefolgen: AAB, ABA, BAA, ABB, BAB, BBA.

## 6.5   Theorie zu den Entscheidungskriterien für Unterschiedsprüfungen

Den einzelnen *Unterschiedsprüfungen* liegen verschiedene Entscheidungskriterien zur Auswahl der abweichenden Probe zugrunde (O'Mahony and Rousseau 2002: 159):

- Comparison of difference strategy
- Skimming strategy
- $\tau$-Kriterium (siehe 6.4.4)

### 6.5.1 Comparison of difference strategy

Beim *Dreieckstest* und *Duo-Trio-Test* verwenden Testpersonen dieses Entscheidungskriterium. Die als abweichend empfundene Probe ist jene, die einen größeren Unterschied zu den anderen aufweist als die anderen Proben zueinander.

Abbildung 10 zeigt ein mögliches Szenario. Die beiden Proben 221 und 678 auf der linken Kurve entsprechen jenem Produkt, das Testperson Y zweimal erhalten hat, Probe 504 auf der rechten Kurve repräsentiert die dritte, physikalisch oder chemisch abweichende Probe (z. B. Erdbeerjoghurt mit mehr Erdbeeraroma). Person Y empfindet die Intensität der beiden gleichen Proben 221 und 678 als unterschiedlich (mögliche Gründe dafür wurden bereits genannt: zufällige spontane Erregungen im Nervensystem, *Adaption*, unterschiedliche Anzahl an Rezeptoren, welche die Empfindung auslösen oder Inhomogenität des Produktes). Person Y vergleicht nun alle drei Probenpaare miteinander und befindet, dass Probe 221 den größeren Abstand zur nächst gelegenen Probe hat. Sie entscheidet sich also für Probe 221 als „abweichende Probe", wenn auch Probe 504 die tatsächlich unterschiedliche Probe mit mehr Aroma ist.

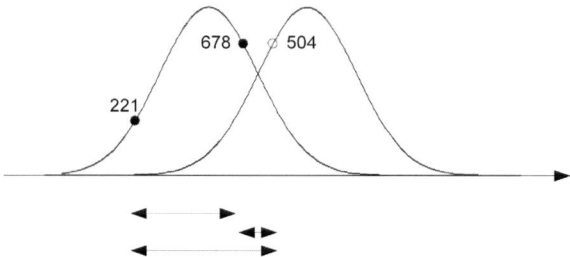

Abbildung 11: Comparison of difference strategy (eigene Graphik, modifiziert nach O'Mahony 1995: 232)

### 6.5.2 Skimming strategy

Bei dieser Entscheidungsstrategie wird die Probe mit der stärksten Ausprägung in einem Attribut ausgewählt. Beispiele für dieses Kriterium sind der *2-AFC* und der *3-AFC* Test. Im Beispiel Erdbeerjoghurt mit unterschiedlich hohem Aromazusatz würde bei beiden Methoden nach der Probe gefragt, die am intensivsten nach Erdbeere schmeckt. Testperson Z (Abb. 12) wählt mit Hilfe der „skimming strategy" die physikalisch oder chemisch abweichende Probe (Erdbeerjoghurt mit mehr Erdbeeraroma) korrekt aus.

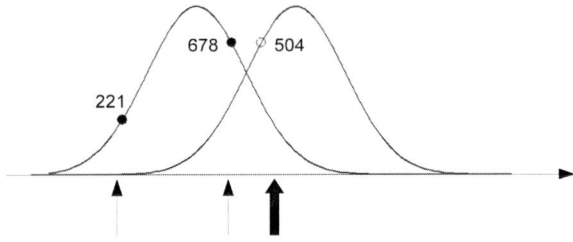

Abbildung 12: Skimming strategy (eigene Graphik, modifiziert nach O'Mahony 1995: 232)

Die Kurven stellen Häufigkeitsverteilungen dar, folglich ist die Wahrscheinlichkeit in der Mitte am höchsten und nimmt nach links und rechts ab.
Die beiden Entscheidungskriterien sind nicht gleich effizient. Werden dieselben zwei Produkte mittels *Dreieckstest* und *3-AFC Test* getestet, resultiert durch den *3-AFC Test* eine höhere Anzahl richtiger Antworten (O'Mahony and Rousseau 2002: 159), bedingt durch unterschiedliche Wahrscheinlichkeiten, mit denen folgende Szenarien (Abb. 12) auftreten.

Die beiden Proben 221 und 678 in Abbildung 13 repräsentieren wieder die physikalisch identischen Produkte, Probe 504 die physikalisch abweichende, in einem Attribut stärker ausgeprägte Probe. Die Empfindung der Proben 221 und 678 variiert in ihrer Intensität entlang der linken Kurve, die Empfindung von Probe 504 entlang der rechten Kurve. Wie schon erwähnt, ist die **Wahrscheinlichkeit** der Empfindung in der Kurvenmitte am höchsten und nimmt nach links

und rechts ab. Da die Proben ähnlich sind, überlappen sich die zwei Kurven, und
es kann zu verschiedenen Empfindungs-Szenarien kommen:

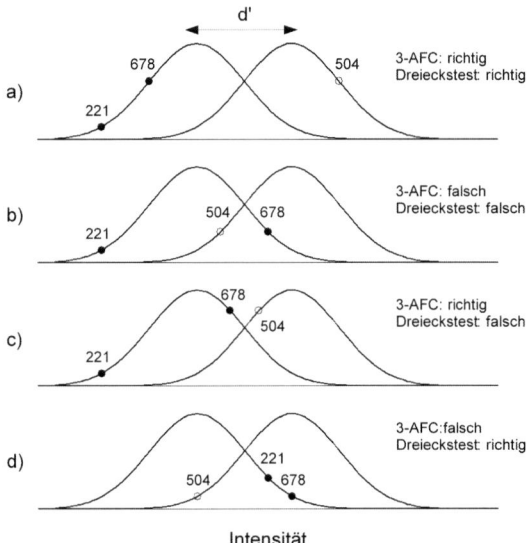

Abbildung 13: Erklärungsmodell des „Paradox of discriminatory nondiscriminators"
(eigene Graphik, modifiziert nach O'Mahony 1995: 231)

Szenario a) zeigt eine Situation, in der Probe 504, welche die stärkste Ausprägung im getesteten Attribut beim *3-AFC Test* aufweist, auch jene ist, die einen
größeren Abstand zu den beiden anderen physikalisch identischen Proben aufweist als die beiden letzteren zueinander. Die abweichende Probe wird bei beiden Tests richtig erkannt.
In Szenario b) ist die physikalisch abweichende Probe 504 weder die, die im *Dreieckstest* (comparison of difference strategy) als die am stärksten abweichende
Probe empfunden wird, noch jene, die beim *3-AFC Test* (skimming strategy) als
die Probe mit der stärksten Ausprägung im getesteten Attribut empfunden wird.
Die Wahrscheinlichkeit für das Auftreten dieses Szenarios ist relativ gering.
Szenario c) zeigt, dass Probe 504 mittels „skimming strategy" im *3-AFC Test* als
intensivere Probe richtig erkannt wird, während beim *Dreieckstest* Probe 221

fälschlich als abweichende Probe gewählt wird. Dieses Szenario tritt mit größerer Wahrscheinlichkeit auf als Szenario d), bei dem Probe 504 mittels *3-AFC* nicht als intensivste erkannt wird, beim *Dreieckstest* aber richtigerweise die abweichende Probe darstellt.

Aus den unterschiedlichen Wahrscheinlichkeiten für Szenarien c) und d) resultiert ein höherer Prozentsatz richtiger Antworten im *3-AFC Test* als im *Dreieckstest*, wenn Testpersonen und Testprodukte bei beiden *Unterschiedsprüfungen* gleich sind. Dies wird in der Fachliteratur als „paradox of discriminatory nondiscriminators" bezeichnet.

Trotz unterschiedlichen Prozentsätzen korrekter Antworten (korrekt als abweichend oder stärker identifizierten Proben) ist die zugrunde liegende sensorische Differenz *d'* jedoch bei den beiden Tests gleich (Tab. 3). Dasselbe gilt für den *Duo-Trio-Test* im Vergleich mit dem *2-AFC*. Mit *d'* können also Ergebnisse verschiedener Methoden miteinander verglichen werden, was der Prozentsatz richtiger Antworten nicht zulässt.

*Tabelle 3: d' (Scharf 2000: 259)*

% richtige Antworten für verschiedene Unterschiedsprüfungen abhängig von d'

| d' | Triangeltest | 3-AFC | Duo-Trio-Test | 2-AFC |
|---|---|---|---|---|
| 0 | 33,33 | 33,33 | 50 | 50 |
| 0,5 | 35,58 | 48,26 | 52,23 | 63,82 |
| 1 | 41,8 | 63,37 | 58,25 | 76,02 |
| 1,5 | 50,56 | 76,58 | 66,35 | 85,56 |
| 2 | 60,48 | 86,58 | 74,68 | 92,14 |
| 2,5 | 69,93 | 93,14 | 81,96 | 96,15 |
| 3 | 78,14 | 96,88 | 87,65 | 98,31 |
| 3,5 | 84,75 | 98,74 | 91,78 | 99,33 |
| 4 | 89,77 | 99,55 | 94,67 | 99,77 |
| 4,5 | 93,38 | 99,86 | 96,62 | 99,93 |
| 5 | 95,88 | 99,96 | 97,92 | 99,98 |

## 6.6 Unterschiedsprüfungen via Internet

In Frankreich wurden der Dreieckstest und der A-Nicht-A Test als online Test (Sensodist) versucht. Ein Wasser-Experiment sowie ein Löskaffee-Experiment wurden bei jeweils drei Testbedingungen durchgeführt: unter kontrollierten Bedingungen in einem Sensoriklabor mit französischen Instruktionen (n = 60), einem Distanztest via Internet mit ebenfalls französischen Instruktionen (n = 60), sowie einem Distanztest in englischer Sprache (n = 60). Die Unterschiede zwischen den drei Testbedingungen waren weder beim Wassertest noch beim Kaffeetest signifikant. Das bedeutet, dass Internettests eine reliable Alternative zu Labortests darstellen, dabei billiger sind, und sich von einem anderen Land aus organisieren lassen. Als Nachteil wiesen die Studienautoren jedoch darauf hin, dass etwa 15 % der Tester, welche Proben erhielten, den Test nicht beantworteten (Dacremont et al. 2009).

# 7 Rangordnungsprüfungen

*Rangordnungsprüfungen* sind Prüfungen, bei denen drei oder mehr gleichzeitig dargereichte Proben anhand ihrer Intensität in einem bestimmten Attribut (analytische Prüfung) oder ihrer Präferenz beziehungsweise Akzeptanz (*hedonische Prüfung*) gereiht werden. Dabei erhält man keine Information über das Ausmaß der Unterschiede zwischen den Proben. In diesem Kapitel wird nur die analytische *Rangordnungsprüfung* behandelt, die *hedonische Rangordnungsprüfung* wird in Kapitel 11.2.2 besprochen.

*Rangordnungsprüfungen* sind rascher und einfacher durchführbar als Prüfungen mit Skalen. Das gilt vor allem dann, wenn untrainierte Personen zur Prüfung herangezogen werden. Der Nachteil von *Rangordnungsprüfungen* ist, dass die Ergebnisse von verschiedenen Analysen nicht miteinander kombiniert werden können.

Die statistische Auswertung von *Rangordnungsprüfungen* wird anhand eines Beispiels in Kapitel 14.3 aufgezeigt.

*Beispiel: Rangordnungsprüfung mit Erdbeerjoghurt*

---

Sie erhalten 5 Proben Erdbeerjoghurt. Bitte ordnen Sie die Proben nach der Erdbeerintensität. Rang 1 erhält die Probe mit der stärksten, Rang 5 die Probe mit der schwächsten Erdbeerintensität.

Rang 1: _____

Rang 2: _____

Rang 3: _____

Rang 4: _____

Rang 5: _____

Rangordnungsprüfungen können eingesetzt werden, um Testperson für sensorische Prüfungen auszuwählen, die sensibel genug sind um kleine Unterschiede wahrzunehmen. Für diese Auswahl kann z.B. Erdbeerjoghurt unterschiedlich stark gesüßt oder aromatisiert werden.

# 8    Skalen

Skalen werden im Rahmen analytischer Prüfungen verwendet, um die Intensität eines Attributs zu bewerten. Nach Stone & Sidel (2004: 71f) sollten Skalen folgende Eigenschaften aufweisen:

- Verständlichkeit für Testpersonen
- Unkompliziertheit
- Unverzerrtheit (das heißt, die Skala beeinflusst das Ergebnis nicht systematisch)
- Relevanz (die Skala soll jenes Attribut messen, zu dessen Zweck sie eingesetzt wird)
- Sensibel für Unterschiede. Dies hängt von der Länge der Skala und der Anzahl der Kategorien ab. Eine 3-Punkte-Skala ist weniger sensibel als eine 5-Punkte Skala
- Erlaubt eine Vielzahl statistischer Auswertungen

## 8.1    Kategorische Skala

*Kategorische Skalen* bestehen aus Kategorien, die eine bestimmte Reihenfolge aufweisen. *Kategorische Skalen* für analytische Prüfungen sind unipolar (Intensität eines Attributs), während *hedonische* Skalen bipolar (von „mag ich außerordentlich gerne" bis „mag ich überhaupt nicht gerne") sind (Kapitel 11). Die Abstände zwischen den einzelnen Kategorien einer Skala sollen gleich groß sein (= Intervallskala).

*Beispiel: Erdbeerjoghurt*

Unipolare kategorische 9-Punkte-Skala zur Bewertung der Geschmacksintensität „Erdbeere":

nicht erdbeerartig                                                     stark erdbeerartig

| 1 | 2 | 3 | 4 | 5 | 6 | 7 | 8 | 9 |
|---|---|---|---|---|---|---|---|---|
| ○ | ○ | ○ | ○ | ○ | ○ | ○ | ○ | ○ |

## 8.2 Unstrukturierte Skala

Testpersonen bewerten Attribut-Intensitäten an einer Linie. Die *unstrukturier-te (Linien-)Skala* hat gegenüber der *kategorischen Skala* den Vorteil, dass sie kontinuierlich ist. Für die Bewertung wird meist der nächste Millimeter als Messwert herangezogen.

*Beispiel: Erdbeerjoghurt: Intensitätsbewertung anhand einer unstrukturierten Linienskala*

Bitte bewerten Sie die Intensität des Attributs Erdbeere anhand der vorgegebenen Skala mit einem vertikalen Strich an der entsprechenden Stelle:

schwach erdbeerartig                                             stark erdbeerartig

--|--------------------------------------------------------------------------|--

## 8.3 Verhältnisskala – Magnitude Estimation (ME)

Prüfpersonen beurteilen die Intensität von Produkten in spezifischen Attribu-ten (z. B. süß, erdbeerartig, …) mit Zahlen, die im empfundenen Größenverhält-nis zueinander stehen. Das heißt: wird Joghurt A doppelt so erdbeerartig emp-funden wie Joghurt B, muss der Zahlenwert, mit dem die Erdbeerintensität von Joghurt A beurteilt wird, der doppelte Zahlenwert dessen sein, mit dem die Erd-beerintensität von Joghurt B beurteilt wird. Man spricht bei dieser Skala von einer *Verhältnisskala*.

Der Zahlenwert 0 bedeutet, dass das Attribut nicht wahrgenommen wird. Bei *Magnitude Estimation* gibt es keine Obergrenze für Zahlenwerte. Jede Testper-son wählt selbst die Größe der Zahlen, das heißt, dass Person A mitunter Inten-sitäten zwischen 0 und 50 bewertet und Person B zwischen 0 und 10000. Wich-tig ist, den Personen nahe zu legen, dass nicht nur vielfache Werte von fünf oder zehn verwendet werden können, sondern jeder Zahlenwert erlaubt ist. Auch sollen die Testpersonen beim Verhältnis nicht nur in Form halber und dop-pelter Werte denken, sondern auch Verhältnisse wie 3/1, 1/3, 7/5 oder 5/6 ver-wenden (ISO 1999: 3).

Der Vorteil dieser Methode im Vergleich zu anderen Skalen liegt in der hohen Flexibilität: Sind Personen einmal auf das methodische Prinzip trainiert, so sind sie in der Lage, mit nur minimalem zusätzlichen Training eine Vielzahl an Produkten und Attributen zu bewerten (ISO 1999: iv).

Das Training beginnt – nach einer kurzen theoretischen Einführung über die Prinzipien der Methode – mit der Beurteilung von Flächengrößen verschiedener geometrischer Formen. ISO 1999: 3 führt ein Set mit 18 Formen an, das sechs Kreise, sechs Dreiecke und sechs Quadrate in verschiedenen Größen beinhaltet. Diese Methode hat sich als sinnvolle Einführung in das Grundprinzip von *Magnitude Estimation* bewährt.

Die Anzahl der Testpersonen hängt – wie bei anderen sensorischen Prüfmethoden – davon ab, wie ähnlich die Testprodukte sind, wie gut die Testpersonen trainiert sind und wie wichtig die Entscheidung aufgrund der Testergebnisse ist. Das kann von mindestens fünf erfahrenen, in Bezug auf Produkt und Attribut hoch trainierten Testpersonen eines analytischen *Panels* bis hin zu mindestens 50 Konsumenten (meist viel mehr) bei der Marktforschung reichen (ISO 1999: 5).

Der Ablauf eines ME Tests kann mit oder ohne Referenzprodukt erfolgen. Mit Referenzprobe bedeutet, dass die erste Probe für alle Personen gleich ist, und entweder bereits einen Wert vom Prüfleiter zugeordnet bekommen hat (= fixed modulus), oder von den Testpersonen selbst individuell beurteilt wird. Im Anschluss daran evaluieren die Testpersonen ihre *codierten* Proben im Verhältnis zum Wert der Referenzprobe.

Die zu testenden Proben können entweder eine nach der anderen oder alle auf einmal dargereicht werden (ISO 1999: 6), wobei sich die Reihenfolge der Proben wie bei anderen sensorischen Prüfmethoden zwischen den Testpersonen unterscheidet und idealerweise *balanciert* ist. Wird mit Referenzprobe gearbeitet, muss diese vor jedem Testprodukt rückgekostet werden (ISO 1999: 18).

Die Auswertung der Daten gestaltet sich als etwas aufwendiger als bei anderen Skalen, da jede Person andere Werte verwendet (0–50, 0–4532, …). Folglich müssen die gewonnenen Rohdaten normalisiert werden (Moskowitz und Jacobs 1988: 204).

## 8.4  Labeled Magnitude Scale (LMS)

Die „Labeled Magnitude Scale" weist Charakteristika einer *kategorischen Skala* und einer *Verhältnisskala* auf. Die Abstände zwischen den Kategorien der Skala sind im Gegensatz zu herkömmlichen *kategorischen Skalen* nicht gleich groß sondern wurden mittels *Verhältnisskala* (siehe *Magnitude Estimation*) ermittelt. Die Skala reicht von „strongest imaginable" (= stärkste vorstellbare Intensität) bis „not at all detectable" (= nicht detektierbar) (Stone und Sidel 2004: 87).

## 8.5  Multidimensionale Skalierung (MDS)

Um die **relative** sensorische Ähnlichkeit von Produkten zu ermitteln und zu visualisieren, können auch untrainierte Testpersonen herangezogen werden. Die Testpersonen bewerten entweder die Ähnlichkeit sämtlicher Produktpaare an einer Skala oder sortieren die Produkte in Gruppen basierend auf deren empfundener Ähnlichkeit.

*Beispiel: Erdbeerjoghurt: Ähnlichkeitsbewertung anhand einer 5-Punkte-Skala*

> Mit diesem Test soll die Ähnlichkeit von Erdbeerjoghurts untersucht werden. Bitte kosten Sie alle Probenpaare in der vorgegebenen Reihenfolge und beurteilen Sie die Ähnlichkeit der jeweiligen beiden Proben anhand einer 5-Punkte-Skala.
> 1 bedeutet, dass die beiden Joghurts sehr ähnlich sind
> 5 bedeutet, dass die beiden Joghurts sehr unterschiedlich sind

*Beispiel: Erdbeerjoghurt: Sortierung in Gruppen nach Ähnlichkeit*

> Mit diesem Test soll die Ähnlichkeit von Erdbeerjoghurts untersucht werden. Bitte kosten Sie alle Proben und sortieren Sie diese in Gruppen:
> Joghurts, die Ihrer Meinung nach ähnlich sind, sollen in einer Gruppe zusammengefasst werden, Joghurts, die sich stärker voneinander unterscheiden, sollen in unterschiedliche Gruppen sortiert werden.
> Sie können so viele Gruppen bilden, wie Sie möchten. Bitte notieren Sie die Gruppen auf dem Prüfblatt.

Werden alle Probenpaare in ihrer Ähnlichkeit an einer vorgegebenen Skala bewertet, so resultiert dies bei einer größeren Probenzahl in sehr vielen Vergleichen und führt damit zu sensorischen Ermüdungserscheinungen und *Adaption*. Das Sortieren in ähnlichen Gruppen kann vergleichsweise schneller durchgeführt werden. Jede Testperson kann entscheiden, wie viele Gruppen sie bildet und nach welchen Kriterien diese Gruppen gebildet werden.

Um die Ähnlichkeit der Produkte zu visualisieren, wird aus den gewonnenen Daten eine Distanzmatrix erstellt. Mit der statistischen Prozedur *MDS* (Kapitel 14.4) kann nun eine räumliche (meist zwei- oder dreidimensionale) Abbildung sämtlicher Produkte entsprechend ihrer Ähnlichkeiten erstellt werden. Abbildung 14 zeigt ein Beispiel für einen zweidimensionalen *MDS* Plot, der die relativen Ähnlichkeiten von acht Joghurtproben, Joghurt A-H, visualisiert. Die Interpretation der zu Grunde liegenden Dimensionen, also die Ursache für die Produktdifferenzierung, ist jedoch schwierig und einer gewissen Subjektivität durch den Prüfleiter unterlegen.

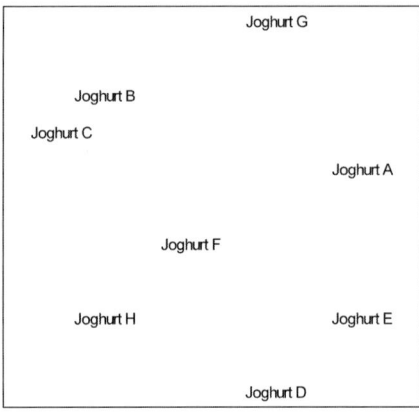

Abbildung 14: MDS Plot

Wie gut die Ähnlichkeit von Produkten in zwei oder drei Dimensionen zusammengefasst werden kann, wird durch den „stress" Wert dargestellt (o. V. 2001: 26). Ein „stress" Wert unter 0,1 bedeutet, dass die von den Testpersonen wahrgenommene und bewertete Ähnlichkeit sehr gut in der zwei- beziehungsweise dreidimensionalen Darstellung reproduziert wurde. Ein „stress" Wert zwischen 0,1 und 0,2 weist auf eine einigermaßen gute Reproduktion hin. Ein hoher „stress" Wert bedeutet also, dass die gewählte Anzahl der Dimensionen (zwei, drei, …) nicht ausreicht, um die Ähnlichkeiten adäquat zu reproduzieren. Man unterscheidet bei der *Multidimensionalen Skalierung* grundsätzlich zwischen metrischen und nicht-metrischen Verfahren. Metrische Verfahren versuchen die tatsächlichen Distanzen zu reproduzieren, während nicht-metrische Methoden die *Rangordnung* der Distanzen berücksichtigen. Letztere werden üblicherweise bei sensorischen Anwendungen eingesetzt (Chrea et al. 2004, Higuchi et al. 2004, Falahee and MacRae 1995, Falahee and MacRae 1997, Lawless et al. 1995, Lawless und Glatter 1990, Jones et al. 1978).

In der Praxis wurde *Multidimensionale Skalierung* bisher eingesetzt, um die Ähnlichkeit von Gerüchen (Chrea et al. 2004, Higuchi et al. 2004), Kräutern (Jones et al. 1978), Alltagsgeräuschen (Bonebright 2001), Käsenamen (Lawless et al. 1995) oder Trinkwasser (Falahee and MacRae 1995) zu untersuchen. Derndorfer und Baierl (2006) erstellten „aroma maps" zur Visualisierung der Ähnlichkeit der Gerüche von Gewürzen. Für die Untersuchung wurden zwei Gruppen von Testpersonen eingesetzt, wovon eine Gruppe die Gewürze bei Tageslicht, die andere hingegen unter Ausschaltung der Farbe (Test bei Rotlicht) bewertete. Die Testpersonen sortierten die Gewürze anhand des Geruches in Gruppen entsprechend ihrer Ähnlichkeit. Die Daten wurden mit *Multidimensionaler Skalierung* ausgewertet. Die beiden „aroma maps" (mit und ohne Farbeinfluss) unterschieden sich voneinander. Es kann jedoch auch die wahrgenommene Ähnlichkeit von Marken untersucht und visualisiert werden (Schiffman und Knecht 1993: 134).

Die neue Methode *Napping*[®] ist im Wesentlichen eine Weiterentwicklung der *multidimensionalen Skalierung*. Zusätzlich werden bei Napping meist beschreibende Begriffe (Ultra flash profile) auf dem Blatt festgehalten, daher wird Napping bei den beschreibenden Prüfungen diskutiert (Kapitel 9.4.2).

# 9 Deskriptive Prüfungen

*Deskriptive Prüfungen* sind objektive Verfahren, bei denen Testpersonen Produkte mit Attributen beschreiben und die Intensität in jedem Attribut an einer Skala beurteilen. Daraus resultieren so genannte Produktprofile, die den Vergleich von Produkten ermöglichen.

Die Bewertung erfolgt im Normalfall durch *Panels*, Gruppen von Testpersonen, die aufgrund ihrer sensorischen Fähigkeiten und verbalen Ausdrucksfähigkeit ausgewählt und anschließend trainiert werden. Nur bei wenigen Methoden können untrainierte Konsumenten als Testpersonen herangezogen werden.

Mit Hilfe *deskriptiver Prüfungen* können folgende Fragestellungen beantwortet werden:

• Wie unterscheidet sich das eigene Produkt von dem der Konkurrenz (Abb. 15)?
• Welcher der erzeugten Produkt-Prototypen ist dem Ziel am nächsten?
• Wie verändert sich das Produkt im Laufe der Lagerung?

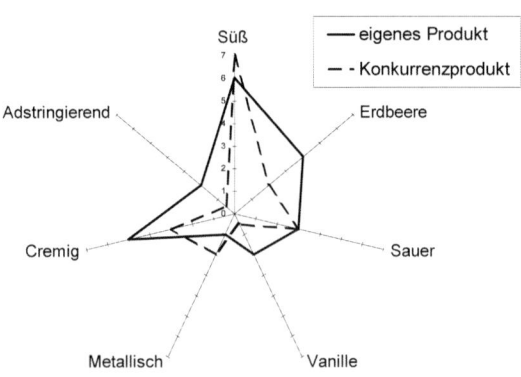

Abbildung 15: Spiderweb

- Welche Auswirkung hat eine neue Produktionstechnologie auf das sensorische Produktprofil?
- In Kombination mit einem *Akzeptanztest* kann außerdem beantwortet werden, warum Konsumenten ein bestimmtes Produkt einem anderen vorziehen.

## 9.1 Aufbau deskriptiver Panels

*Panels* bestehen aus 8–12 Personen, die für eine bestimmte Produktkategorie (Löskaffee, Fruchtjoghurt, ...) geschult werden müssen. Es werden nicht einzelne Personen, sondern das *Panel* wird als Gruppe trainiert, wenn auch die späteren Messungen (Tests) separat durch die Testpersonen erfolgen. Im Training stellen sich *Panellisten* durch den Vergleich mit den anderen Testpersonen ein (= Kalibrierung). Der Zeitaufwand für die Schulung ist abhängig von der Methode und variiert zwischen 6 und 120 Trainingsstunden.

*Deskriptive Panels* können entweder unternehmensintern rekrutiert oder aus externen Prüfpersonen aufgebaut werden. Externe *Panellisten* werden über Zeitungsinserate oder Postwurfsendungen erreicht und können sich im Anschluss bewerben. Interne *Panels* benötigen die Unterstützung der Geschäftsleitung, um für die benötigte Zeit freigestellt zu werden. Externe *Panels* haben sich oft als zuverlässiger erwiesen, stehen eher für längere Sitzungen zur Verfügung und sind im Endeffekt billiger als Mitarbeiter, benötigen aber meist eine längere Schulungszeit (Busch-Stockfisch 2002: I.2: 2). Interne *Panellisten* haben oft spezifische Produktkenntnisse, die ihre Bewertungen beeinflussen können (Lyon et al. 2002: 9). Rummel (2004) definiert daher Kriterien für geeignete Personen für *deskriptive Prüfungen*: „Ein deskriptives *Panel* an der Schnittstelle zwischen Markt- und Produktforschung muss aus trainierten Konsumenten bestehen, da nur sie als ‚Übersetzer' zwischen dem eigentlichen Konsumenten (um dessen Wahrnehmung es bei integrierter Markt- und Sensorikforschung geht) und der Produktentwicklung dienen können. Vorteil gegenüber *Panels,* die aus Produktexperten bestehen ist, dass Konsumenten gegenüber den Produkten unbefangen sind. Produktexperten können sich nicht von den langjährigen Produkterfahrungen und damit verbundenen Erwartungen frei machen. Auch können sie sich selten vom ‚Hausgeschmack' lösen".

Potenzielle Kandidaten, die Verwender der Produktgruppe sein sollen, werden anschließend einem Screeningverfahren unterzogen. Stoer et al. (2002: 80) stellten fest, dass die besten *Panellisten* eine große Neugier für Lebensmittel aufwiesen, teils Hobbys im Lebensmittelbereich hatten, und nicht nur durch die Bezahlung, sondern durch die Art der Tätigkeit als *Panellist* motiviert waren.

## 9.2    Auswahl geeigneter Testpersonen (= Screening)

Für die Auswahl von Testpersonen gibt es verschiedene Möglichkeiten. Wichtige Kriterien sind neben sensorischen Fähigkeiten persönliche Aspekte wie Interesse an der Arbeit als *Panellist*, die zeitliche Verfügbarkeit, Verlässlichkeit, Kommunikationsfähigkeit und Teamfähigkeit.

Nach dieser Vorselektion beginnt die praktische Selektion. Lyon et al. (2002: 3–4) führt diverse in der Literatur berichtete Methoden für die *Panel*-Selektion auf:

- Farbsehtest
- Tests auf *Ageusie* (Geschmacksblindheit), *Anosmie* (Geruchlosigkeit) und Sensitivität
- *Unterschiedsprüfungen*
- Matching-Tests
- Erkennung der *Grundgeschmacksarten*
- Geruchserkennungstests
- Geruchsgedächtnistests
- *Rangordnungsprüfungen*
- Intensitätsbewertungen an einer Skala

*Tabelle 4: Geschmackslösungen für Erkennungstest der Grundgeschmacksarten*

| Geschmacksrichtung | Substanz | Konzentration g/l $H_2O$ |
|---|---|---|
| süß | Saccharose | 6 |
| sauer | Zitronensäure | 0,4 |
| bitter | Koffein | 0,3 |
| salzig | NaCl | 1,3 |

Der General Oral Health Assessment Index (GOHAI) stellt ein neues, zusätzliches Werkzeug zur Panellistenauswahl dar. Mittels Fragebogen werden Probleme mit den Zähnen erhoben (Yven et al. 2009).

## 9.3 Training

Personen, die das Screening bestanden haben, werden anschließend trainiert. Im Training werden die Testpersonen mit den Produkteigenschaften vertraut gemacht. Es werden das Beschreiben und das Quantifizieren von Empfindungen geübt. Letzteres erfolgt an einer Skala, die numerisch oder unstrukturiert sein kann. Im Normalfall entsprechen diese Skalen *Intervallskalen*, das heißt, die Abstände zwischen den Kategorien einer Skala müssen gleich groß sein.

Trainingseinheiten dauern gewöhnlich ein bis maximal zwei Stunden, abhängig vom Produkt. Längere Trainingseinheiten sind aufgrund der sensorischen Ermüdung sinnlos, Pausen müssen eingelegt werden.

Das Training ist abhängig von der gewählten Methode: Entweder wird das Vokabular durch die Testpersonen selbst in der Gruppe generiert oder vom Panelleiter vorgegeben. Wird das Vokabular von der Gruppe generiert, so geschieht das durch vergleichende Verkostung – etwa alle am Markt befindlichen Erdbeerjoghurts. Im Anschluss daran werden die Attribute definiert und Referenzen für jedes Attribut gefunden (z.B. Naturjoghurt kurz vor Ende der Mindesthaltbarkeit als Referenz für „säuerlich"). Eine Alternative, von Carlucci und Monteleone (2008) vorgeschlagen, ist es die Tester zuerst mit vielen Aromareferenzen in undurchsichtigen Fläschchen vertraut zu machen und Ihnen auf diese Weise ein Vokabular zu lernen. Erst danach wird die eigentliche Produktkategorie angeboten und die Testpersonen generieren Attribute auf Basis ihrer zuvor erworbenen Kenntnisse. Man nennt diese Methode „*aroma fingerprint description*" und sie eignet sich primär für Produkte, wo das Aroma sehr vordergründig ist, z.B. Wein. Um sicher zu stellen, dass die Testpersonen Attribute in gleicher Weise verstehen, die Skala weitgehend ausschöpfen sowie Produktunterschiede erkennen und entsprechend bewerten, wird die Leistung des *Panels* statistisch überprüft (= *Panel* performance, Kapitel 9.6). Dieser Prozess erfolgt nicht nur bei neu trainierten *Panels*, sondern auch in regelmäßigen Abständen bei trainierten und längere Zeit eingesetzten *Panels*.

Bei *Zeit-Intensitätstests* (Kapitel 9.4.3) ist es über das Training auf Skala und Attribut hinaus notwendig, die Personen an die Evaluierung eines Attributs im Zeitverlauf am Computer zu gewöhnen.

## 9.4 Testmethoden

### 9.4.1 Klassische Methoden mit trainierten Testpersonen

Ist das *Panel* ausreichend auf Produkt, Vokabular und Aufgabenstellung trainiert, (durch Analyse der *Panel* performance bestätigt) beginnt die eigentliche Testphase. Mit Ausnahme des *Flavour-Profils* erfolgt die Beurteilung der Produkte bei allen *deskriptiven Methoden* individuell durch die Testpersonen. Aus den Einzelurteilen werden Mittelwerte gebildet, die das Produktprofil (siehe Spiderweb, Abb. 14) ergeben.

*QDA* oder *Quantitativ Deskriptive Analyse* ist die *deskriptive Methode,* die heute die größte praktische Relevanz besitzt. Bei dieser Methode werden alle sensorischen Merkmale der zu testenden Produkte erfasst (Aussehen, Geruch, ...). Der Test involviert immer mehrere Produkte, da das menschliche Wahrnehmungssystem besser geeignet ist, relative Intensitätsunterschiede zu beurteilen als absolute Intensitäten. *Panellisten* für *QDA-Panels* werden mit Hilfe von *Unterschiedsprüfungen* (Kapitel 6) selektiert, das heißt, dass Testpersonen eines *Panels,* das später Joghurt beurteilen soll, bereits durch *Unterschiedsprüfungen* mit Joghurt ausgewählt werden. Die Entwicklung des beschreibenden Vokabulars ist ein Gruppenprozess, der vom Panelleiter geleitet aber nicht beeinflusst wird. Redundante sowie unklare Begriffe werden eliminiert und alle bleibenden Begriffe genau definiert, um zu gewährleisten, dass alle *Panellisten* jedes Attribut gleich interpretieren. Die Trainingsdauer ist mit 6–10 Stunden sehr kurz (Rummel 2002: III.2.2: 2). In der eigentlichen Testphase werden die Beurteilungen der Produkte anhand des im Training generierten Vokabulars mit Wiederholungen durchgeführt. Die Beurteilung erfolgt individuell durch jede Testperson an einer *unstrukturierten Linienskala.* Die Ergebnisse werden statistisch ausgewertet.

Da analytische Prüfungen immer im Labor stattfinden (Kapitel 4.2), ist die Anwesenheit der Testpersonen zu definierten Zeiten notwendig. Eine Studie verglich jedoch die Ergebnisse eines *QDA-Panels* und eines *Panels*, das via Internet rekrutiert und trainiert wurde und die Messungen zu Hause durchführte (Terrones et al. 2001). Die Produkte wurden auf dem Postweg zu den Testpersonen gesendet und zehn Trainingseinheiten via Internet mit Trainingsanleitungen auf interaktiven Webseiten durchgeführt. Der Panelleiter war mit den Testpersonen in telefonischem oder E-Mail Kontakt. Diese Studie verdeutlichte, dass die Verwendung eines Internet-*Panels* grundsätzlich möglich ist, in der Praxis hat sich dies jedoch nicht durchgesetzt. Bei halbfertigen Produkten wie etwa Tee oder Kaffee erscheint die Verwendung von Internet-*Panels* aufgrund der mangelnden Kontrolle über die Zubereitung der Testprodukte sicher nicht empfehlenswert.

Die *Spectrum* Methode benötigt mit 40–120 Trainingsstunden deutlich mehr Zeit als die QDA. Im Verlauf des Trainings wird die Sprache entwickelt, wobei es Aufgabe des Panelleiters ist, den Testpersonen viele verschiedene Produkte und damit alle sensorischen Eigenschaften zu zeigen (Rummel 2002: III.2.2: 4). Die Testpersonen generieren im Training nicht ihr eigenes Vokabular, sondern wählen aus umfangreichen Attributlisten diejenigen aus, die geeignet sind, die Testprodukte zu beschreiben. Das *Panel* wird anhand von Referenzen kalibriert (Tab. 5). Hauptkritikpunkt an *Spectrum* ist, dass eine vollständige Kalibrierung durch Referenzsubstanzen theoretisch zu identischer Bewertung der Produkte durch die Testpersonen (= Null Streuung) führen würde, was in der Praxis bei Studien nicht gelungen ist und man davon ausgeht, dass die Kalibrierung nicht gelingen kann (Scharf 2000: 332).

*Tabelle 5: Referenzen für Spectrum (Auszug aus Rummel 2002, III.2.2: 5)*

| Beurteilung an einer Skala von 0–15 | | | | |
|---|---|---|---|---|
| Referenz | süß | salzig | sauer | bitter |
| Coca Cola Classic | 9 | | | |
| Campbell V8 Gemüsesaft | | 8 | | |
| Kraft Grapefruitsaft | 3,5 | | 13 | 2 |

Die statistische Auswertung von klassischen *deskriptiven Prüfungen* umfassen meist *Varianzanalyse* und explorative Datenanalyse (*Hauptkomponentenanalyse, Clusteranalyse*).

Bei der *Varianzanalyse* (Kapitel 14.5.1) wird getestet, ob sich die Produkte signifikant in einem bestimmten Attribut unterscheiden, aber auch ob ein signifikanter Unterschied zwischen den Testpersonen (und gegebenenfalls Wiederholungen, sofern jede Testperson jedes Produkt zweimal beurteilt) in einem Attribut vorliegen. Zudem wird überprüft, ob signifikante Interaktionen (z. B. zwischen Produkt und Testperson) vorliegen, das heißt, ob Produktunterschiede abhängig von der Testperson sind. Wird ein signifikanter Unterschied zwischen Produkten in einem Attribut entdeckt, kann mit multiplen Paarvergleichen untersucht werden, welche Produktpaare sich unterscheiden.

Will man die sensorischen Profile mehrerer Produkte miteinander vergleichen, so müssen zuerst Mittelwerte aus den Bewertungen aller *Panellisten* für jedes Produkt in jedem Attribut berechnet werden. Die Produktprofile können graphisch in Form von Spiderwebs (Abb. 14) dargestellt werden; derartige Abbildungen ermöglichen einen raschen Vergleich von wenigen Produkten. Je höher die Anzahl der Produkt und Attribute, desto schwieriger ist es jedoch, einen Überblick zu erhalten, welche Produkte nun insgesamt ähnlicher und welche weniger ähnlich sind. Zu diesem Zweck kann eine *Hauptkomponentenanalyse* (Kapitel 14.5.2) und eine *Clusteranalyse* (Kapitel 14.5.3) durchgeführt werden.

*Ältere deskriptive Methoden* sind *Flavour profile method (FPM), Profilattributanalyse,* sowie die *Texturprofilmethode (TPM).* Sie haben heute weniger Relevanz als *QDA* und *Spectrum* und beinhalten teilweise keine statistische Auswertung.

*Flavour Profile wurde* als erste *deskriptive Methode* 1949 von Arthur D. Little Inc. entwickelt. Sorgfältig ausgewählte und trainierte Testpersonen arbeiten bei dieser Methode im Team, um einen Konsens zu erreichen. So genannte „character notes" (Aroma- und Flavour-Komponenten, z. B. Vanille) werden definiert, in ihrer Intensität an einer Skala von 0–3 bewertet und die Reihenfolge deren zeitlichen Auftretens festgelegt. Anschließend werden Nachgeschmack und „Amplitude", definiert als „degree of blend and the amount of fullness present in the aroma and the flavour", bewertet. Am Ende der ersten Sitzung wird ein erstes Profil erstellt, das in darauf folgenden Sitzungen solange verfeinert wird, bis alle *Panellisten* einverstanden sind. Meist sind etwa drei bis fünf Sitzungen nötig. Bei dieser Methode ist aufgrund des Konsens keine statistische Auswertung vorgesehen (Neilson et al. 1988: 22–32).

Die *Profilattributanalyse* wurde ebenfalls von Arthur D. Little Inc. entwickelt. Es handelt sich um eine Kosten-effizientere Methode als das *Flavour Profile*. Trainierte Prüfpersonen beschreiben und bewerten individuell die zu testenden Produkte in ihrer Intensität, wobei die Anzahl der Attribute limitiert wird. Dadurch können etwa fünf Produkte mittels *Profilattributanalyse* in derselben Zeit geprüft werden wie ein einziges Produkt mit dem detaillierteren *Flavour Profile*. Attribute werden anhand einer 7-Punkte Skala bewertet. Die *Profilattributanalyse* erlaubt eine statistische Auswertung (Neilson et al. 1988: 32–37).

*Texture profile method (TPM)*: Diese Methode geht aus der *Flavour profile* Methode hervor. Texturattribute werden in mechanische, geometrische und Mundgefühlsattribute klassifiziert. Die Reihenfolge der Attribute wird entsprechend ihrem zeitlichen Auftreten festgelegt. Die Verkostungstechnik wird festgelegt und ist abhängig vom Attribut und vom Lebensmittel. Referenzproben repräsentieren verschiedene Intensitäten an der Skala. Im Gegensatz zur *QDA* werden beim *Texturprofil* eine Vielzahl an Attributen, Definitionen und Verkostungstechniken vorgegeben, wobei die Begriffe allgemeingültigen Charakter besitzen und aus der wissenschaftlich-technischen beziehungsweise populärwissenschaftlichen Sprache stammen. Die Ergebnisse sind daher auch für Außenstehende verständlich (Mühle 2003: II.2.4: 4–6).

Ein relativ neues Verfahren im Bereich der *deskriptiven Analysen* stellt die *Odor Profile Descriptive Analysis (OPDA)* zur Beschreibung komplexer Düfte dar. Theoretische Grundlagen zu dieser Methode wurden von Möslein et al. (2004) veröffentlicht. Die Methode basiert auf der Ermittlung von Ähnlichkeiten zu Referenzdüften anstatt Intensitäten. Grundlage für die Entwicklung dieser Methode ist die Tatsache, dass die Wahrnehmungsfähigkeit des Menschen bei komplexen Düften reduziert ist und der Mensch nur wenige Intensitätsstufen der einzelnen Duftkomponenten wahrnimmt. Das Screening für *Panellisten* soll beim *OPDA* mittels Geruchsidentifikationstests (Erkennung von *Anosmien*),

*Unterschiedsprüfungen*, Geruchszuordnungstests und Artikulationstests (Duft-beschreibung) erfolgen. Im Training sollen die Testpersonen selbst entscheiden, welche Referenzen für die Ähnlichkeitsbeurteilung herangezogen werden und welche nicht. Als Skala zur Bewertung der Ähnlichkeit empfehlen Möslein et al. (2004: 21) eine *unstrukturierte Linienskala.*

Die einfachste Methode unter den klassischen deskriptiven Analysen ist die *einfach beschreibende Prüfung.* Bei dieser Methode wird das Produkt nur beschrieben, die einzelnen Attribute aber nicht in der Intensität bewertet. Die Verkoster können das jeweilige Lebensmittel einzeln oder gemeinsam beschreiben, wobei die Begriffe frei gewählt oder vorgegeben werden können. Im Falle von Einzelverkostungen werden die Beschreibungen zu einem Grup-penergebnis zusammengefasst. Laut ÖNORM DIN 10964 sollten mindestens drei Testpersonen für einfach beschreibende Prüfungen herangezogen werden. Die Tester können geschult oder ungeschult sein, müssen aber in der Lage sein, ihre sensorischen Wahrnehmungen in Worte zu fassen. Derndorfer et al. (2012) führten eine erweiterte Form der *einfach beschreibenden Prüfung* mit Brot durch. Als Testpersonen fungierten Bäcker. Referenzen zur Klärung der gemein-sam generierten Begriffe wurden verwendet. Attributintensitäten wurden dahingehend berücksichtigt, als festgehalten wurde, ob ein vorhandenes Attri-but marginal oder deutlich ausgeprägt ist, es erfolgte jedoch keine Bewertung an einer Intensitätsskala. Die Porengröße wurde in vier Abstufungen bewertet.

### 9.4.2 Neue Methoden mit trainierten Testpersonen

Neue Methoden mit trainierten Testern setzen bei einem Hauptproblem der deskriptiven Analysen, dem Zeitfaktor, an und versuchen diesen zu reduzieren, ohne großen Qualitätsverlust der gewonnenen Daten zu riskieren.
Eine *Optimierte Deskriptive Methode* wurde von Silva et al. (2012) vorgeschla-gen. Für diese Methode werden Tester wie bei klassischen deskriptiven Prüfun-gen aufgrund sensorischer Fähigkeiten ausgewählt und es wird eine gemeinsa-me Terminologie zur Beschreibung festgelegt. Anstelle eines umfangreichen Trainings und der Überprüfung der Leistung der Testpersonen (panel perfor-mance) werden die Tester im Training nur mit Referenzen vertraut gemacht und können die Referenzen auch während der Beurteilung der Proben verwen-

den. Das erleichtert den Testpersonen die Bewertung und verkürzt die Trainingszeit, ohne einen Qualitätsverlust bei den Ergebnissen zu erzielen.
Anstelle des Vergleiches mit Referenzen empfehlen Teillet et al. (2010) den Vergleich mit drei zuvor ausgewählten Produkten, die als „Pole" dienen. Sie führten deskriptive Analysen mit Mineralwasser durch, welche sensorisch in drei Gruppen geteilt werden konnten. Aus jeder dieser Gruppe wurde ein Vertreter, ein „Pol", ausgewählt, die drei Pole deckten somit das sensorische Spektrum der Wasserproben ab. Mit diesen drei Polen wurden dann die Wasserproben von einer Gruppe Tester verglichen, indem die Ähnlichkeit zu jedem Pol an einer Skala bewertet wurde. Die Skala reichte von „gleicher Geschmack" bis „völlig unterschiedlicher Geschmack". Diese neue Methode *Polarized Sensory Positioning* kann als Schnellmethode eingesetzt werden, wenn eine Vielzahl an Proben routinemäßig verkostet werden soll. Da die Auswahl der Pole das Endergebnis stark beeinflusst, kommt diesem Aspekt eine besondere Bedeutung zu. Die Datenauswertung kann auf verschiedene Weisen erfolgen (MDS, PCA, ...).
Richter et al. (2010) schlugen eine Kombination aus Beschreibung und Rangordnung, die *Ranking Descriptive Analysis* (RDA), vor. Für diese Methode ist es wie bei die klassischen deskriptiven Methoden nötig, Begriffe zu generieren und diese zu definieren, damit ein einheitliches Attributverständnis zwischen den Testern besteht. Das Training der Intensitätsskala wird hingegen ausgelassen, da die Proben pro Attribut nur in eine Rangordnung (relative Intensität) gebracht werden und nicht in der jeweiligen Attributintensität an einer Skala (absolute Intensität) bewertet werden. Ein weiterer zeitsparender Effekt ist die Tatsache, dass keine Wiederholungen bei den Bewertungen nötig sind, da die Rangordnung den direkten Probenvergleich verlangt. Das spart zudem Probenmenge. Auch wenn bei dieser Methode eine größere Testeranzahl nötig ist – Richter et al. verwendeten 21 Testpersonen für die RDP im Vergleich zu 12 Personen für eine QDA (siehe Kapitel 9.4.1) – spart die Methode auf jeden Fall Kosten. Für den Vergleich der Methoden wurden Consensus plots mit Hilfe der *Verallgemeinerten Prokrustes Analyse* (GPA) erstellt. Die Ergebnisse zwischen RDA und QDA und waren ähnlich.
Eine weitere alternative Methode zu den klassischen intensitätsbasierten Beschreibungen ist eine *häufigkeitsbasierte Technik*. Für diese ist eine größere Anzahl an Testern nötig, welche auf eine Vielzahl an Attributen trainiert wer-

den. Campo et al. (2010) ließen 38 Personen 12 Weine in Duplikat im Geruch analysieren. Die Panellisten erhielten im Zuge des Trainings eine Liste mit 115 Deskriptoren und trainierten mit passenden Referenzen (Aromastoffen, Früchten, Säften, Gewürzen u.a.), um ein einheitliches Attributverständnis zu gewährleisten. In der anschließenden Testphase wählte jeder Tester für jeden Wein die fünf am besten passenden Attribute. Nur Attribute, die von mindestens fünf Probanden verwendet wurden, wurden in der Auswertung berücksichtigt. Zum Vergleich bewertete ein deskriptives Panel die Weine mit der herkömmlichen Intensitätsmethodik. Methodisch bedingt unterschieden sich die Ergebnisse der häufigkeitsbasierten Analyse von jenen der intensitätsbasierten Bewertung, die wichtigsten Attribute zur Charakterisierung der Weine waren jedoch gleich.

### 9.4.3 Methoden mit untrainierten oder wenig trainierten Testpersonen

*Free choice profiling* ist eine *deskriptive Methode*, bei der auch ungeschulte Konsumenten als Testpersonen eingesetzt werden können. Anzahl, Auswahl und Training der Prüfpersonen ist in der entsprechenden Fachliteratur nicht einheitlich beschrieben. Die Bandbreite reicht von 8 bis 44 Testpersonen in Studien (Derndorfer et al. 2005a, Narain et al. 2003, Gonzáles-Viñas et al. 2003, Lachnit et al. 2003, Tang und Heymann 2002, Gonzáles-Viñas et al. 2001, Elmore und Heymann 1999, Stucky und McDaniel 1997). Jede Testperson generiert ihr eigenes Vokabular in einer oder mehreren Trainingssitzungen und beurteilt die Produkte im Test in der Intensität aller generierten Attribute.

Die statistische Datenauswertung ist bei dieser Prüfmethode vergleichsweise aufwendig, da untrainierte Testpersonen unterschiedliche Skalenabschnitte nützen und mitunter gleiche Attribute für unterschiedliche sensorische Empfindungen verwenden. Die Datenanalyse erfolgt mittels *Verallgemeinerter Prokustes Analyse (GPA)*. Dabei werden Daten zentriert, rotiert und skaliert, dann werden Biplots erstellt (Meyners und Kunert 2003: VI.2.5: 37–40) um die Ähnlichkeit der Produkte räumlich (in zwei Dimensionen) zu visualisieren. Ähnlichere Produkte liegen näher beieinander. Die Auswertung von *Free choice profiling* verlangt entsprechende statistische Kenntnisse.

Das *Flash profile* ist eine Abwandlung des *Free choice profilings*. Das gesamte Set der zu testenden Produkte wird simultan verabreicht. Jede Prüfperson beurteilt die Proben mit eigenem Vokabular. Anstelle von Intensitätsbewertungen an einer Skala werden bei dieser Methode – wie bei der *Ranking Descriptive Analysis* RDA (siehe Kapitel 9.4.2) – *Rangordnungen* nach der Intensität jedes Attributs erstellt. Im Gegensatz zur RDA, wo einheitliches Vokabular verwendet wird, müssen Prüfpersonen für diese Methode nicht trainiert werden, es sind lediglich Sitzungen zur Erstellung des individuellen Vokabulars nötig (Dairou und Sieffermann 2002: 826–827).

Das *Flash Profile* ist eine vergleichsweise unkomplizierte Methode. Schnellmethoden wie diese sind insofern gefragt, als viele Lebensmittel produzierenden Betriebe kleine oder mittlere Unternehmen (KMU's) sind. Je kleiner ein Betrieb, desto weniger ist es aus Kosten- und Personalgründen möglich, ein deskriptives Panel aufzubauen.

Albert et al. (2011) zeigten, dass das Flash Profile bei warmen Speisen mit komplexer Textur (Fisch mit Panier und/oder Backteig) eine geeignete schnelle Alternative für QDA ist.

In einer Studie mit Anti-Ageing-Cremen fielen die Beschreibungen beim Flash profile magerer aus als bei herkömmlicher deskriptiver Analyse – der Geruch der Cremen wurde außer Acht gelassen und das Nachgefühl nach dem Auftragen wenig beachtet. Abgesehen davon wurden Ähnlichkeiten und Unterschiedlichkeiten zwischen Produkten ähnlich der *Profilprüfung* ermittelt (Dreyfuss et al. 2009). Das reduzierte Attributset entspricht jedoch den Erwartungen bei einer Schnellmethode. Um zu testen, ob die Ergebnisse des *Flash Profile* kulturell geprägt sind, wurden Ergebnisse französischer und vietnamesischer unerfahrener Tester vergleichen. Die Testpersonen wurden angehalten, v.a. auf Aussehen und Textur der Testprodukte zu achten. Die Franzosen verwendeten 39 Attribute zur Beschreibung, die Vietnamesen 15. Da es sich um Gelees handelte, und die Familiarität mit Gelees bei Vietnamesen höher ist, war ein Einfluss der Vertrautheit mit dem Produkt nicht auszuschließen (Blancher et al. 2007).

In den letzten Jahren schlugen Wissenschaftler weitere adaptierte Methoden vor, die auch für Kleinbetriebe anwendbar sind. Sie stellen im Wesentlichen eine methodische Weiterentwicklung der Sortiermethode mit *Multidimensio-*

*naler Skalierung* (Kapitel 8.5) dar und werden mit Attributen zur Beschreibung ergänzt:

*Napping®*, eine relativ junge Sensorik-Methode, wurde unter anderem von der Weinbranche aufgegriffen. Das Prinzip von *Napping* ist, dass sämtliche Produkte simultan angeboten werden und von jeder Testperson auf einem Blatt Papier so angeordnet werden, dass ähnliche Produkte in Nähe zueinander positioniert werden. Zusätzlich werden Begriffe zur Beschreibung der Produkte festgehalten (Ultra Flash profiling), um die Interpretation zu erleichtern. Die Datenauswertung erfolgt mit Hierarchischer multipler Faktoranalyse (Perrin et al. 2007). Die Reliabilität dieser Methode wurde mit 12 Weißweinen und 10 Testpersonen aus dem beruflichen Weinumfeld in zwei Sitzungen überprüft. Das Gruppenergebnis der beiden Sitzungen war wiederholbar und erwies sich als deutlich stabiler als die Einzelergebnisse der Testpersonen (Einzelergebnisse von zwei Sitzungen wurden verglichen) (Perrin et al. 2007).

Nestrud und Lawless (2007) verglichen „nappe maps" von zwei unterschiedlichen Gruppen von Testern – Konsumenten und Köchen. Tester stellten Proben von Zitrussäften zuerst mittels *Napping* relativ zueinander auf und bewerteten dann die Intensitäten von 10 Attributen an einer Skala. Insgesamt wurden 13 Produkte, 11 verschiedene und 2 Doppelproben getestet, um die Qualität der erhobenen Daten bewerten zu können. Die Köche positionierten die Doppelproben näher auf der map als die unerfahrenen Konsumenten. Die Konsumenten waren jedoch besser bei der Wiederholung der Skalenwerte bei den Doppelproben. Die „nappe maps" der Konsumenten und Köche waren ähnlich (Rv = 0,73).

Marshall (2007) stellte eine ähnliche Methode vor, bei der untrainierte Testpersonen aufgefordert werden, die zu testenden Produkte zu verkosten und zuerst mit eigenen Worten zu beschreiben. Die Beschreibungen der Tester werden gesammelt und dann im Konsens in zwei Dimensionen gruppiert. Erst im nächsten Schritt platzieren die Testpersonen die Produkte wieder individuell auf einem Blatt Papier, welches die beiden Konsensdimensionen repräsentiert und mit einem Referenzpunkt versehen ist. Die Position der Produkte auf dem Papier wird gemessen, die Daten werden in Excel mit einfacher deskriptiver Statistik ausgewertet (Mittelwerte, Standardfehler) und grafisch dargestellt (X-Y Plots). Die Methode wird als *„Tabletop Profiling"* bezeichnet, sie ist einfach und schnell durchführbar, wobei naturgemäß ein größerer Messfehler als bei konventionellen deskriptiven Methoden vorhanden ist.

Die beschriebenen Methoden stellen für KMU's eine gute Möglichkeit dar, sensorische Analysen selbst durchzuführen. Es sei jedoch darauf hingewiesen, dass jede methodische Vereinfachung mit einem Informationsverlust verbunden ist. Die Ergebnisse von klassischen Profilprüfungen (QDA, Spectrum, ...) mit trainierten deskriptiven Panels sind naturgemäß gehaltvoller als jene von untrainierten Testergruppen, die Produkte mittels *Napping* oder *Tabletop Profiling* bewerten. Genaue Produktprofile sind aber nicht immer nötig und können bei Bedarf von KMU's in Auftrag gegeben werden.

Letztlich gibt es explorative Methoden, um Deskriptoren von Kindern zu erhalten. Sune et al. (2002) verwendeten *Kelly's repertory grid-Methode*, um Deskriptoren für Schokoladeriegel mit 9–11-jährigen Kindern zu generieren. Bei der *Kelly's repertory grid-Methode* werden immer drei Produkte gleichzeitig gereicht, und die Testperson – in diesem Fall das Kind – muss angeben, auf welche Weise sich ein Produkt von den beiden übrigen unterscheidet. In Folge wird das zweite der drei Produkte ausgewählt, und das Kind wiederum befragt, wie sich dieses von den beiden anderen unterscheidet. Analog wird mit dem letzten der drei Testprodukte vorgegangen. Sune et al. (2002) stellten die Frage nach Unterschieden hinsichtlich Optik, Textur und Geschmack. Auf diese Weise generierten 27 Kinder 110 Attribute, davon 94 sensorische Deskriptoren zur Beschreibung der Schokoladenriegel und 16 hedonische Begriffe. Ebenso wurde von einer Gruppe von 10 Erwachsenen eine Liste mit 94 Attributen generiert. Es sei an dieser Stelle darauf hingewiesen, dass Attribute die von Erwachsenen und Kindern verwendet werden, nicht notwendigerweise die gleiche Bedeutung haben. *Kelly's repertory grid-Methode* wurde auch von Baxter et al. (1998) zur Untersuchung der Wahrnehmung von Gemüse durch Volksschulkinder eingesetzt. In diesem Fall wurde nicht gekostet, sondern Fotografien der Gemüse eingesetzt. Die Kinder generierten zwischen 5 und 13 Attributen. Veinand et al. (2007) verwendeten die *Repertory grid-Methode* bei erwachsenen Konsumenten und fanden, dass mit dieser Methode mehr Deskriptoren gefunden werden als mit *Flash profile* oder Projective mapping (ähnl. Napping).

Ein anderer, zweistufiger Prozess zur Attributgenerierung mit 6- bis 11-Jährigen wurde von Rose et al. (2004) vorgeschlagen. Nach einer kurzen 1:1 (Trainer :

Kind) – Einführung werden Attribute von den Kindern einzeln generiert. Sämtliche Attribute, die von mehr als einem Kind verwendet werden, werden gesammelt und diese Liste im zweiten Schritt wieder jedem Kind einzeln vorgelegt. Das Kind gibt an, ob der jeweilige Begriff zum Lebensmittel passt (ja/nein). Begriffe, die von mehr als 80 % der Kinder als passend zum Produkt empfunden werden, wurden von den Studienautoren weiterverwendet.

Das Finden von Deskriptoren entspricht einer einfachen Beschreibung, die gewonnenen Erkenntnisse sind aber nicht mit der einheitlichen Bewertung von Attributintensitäten an einer Skala – wie bei der klassischen deskriptiven Analyse – vergleichbar. Für letztere müssen die Attribute trainiert werden um gleichmäßig verstanden zu werden.

### 9.4.4   Zeit-Intensitätstests

Bei allen bisher genannten *deskriptiven Methoden* werden Produkte statisch, zu einem Zeitpunkt beurteilt. Bei *Zeit-Intensitätstests* werden Attribute hingegen im Zeitverlauf verfolgt. Dies kann insofern von Interesse sein, als sich die Produkttemperatur im Mund der Körpertemperatur annähert, ein gewisser Verdünnungseffekt durch die Speichelsekretion stattfindet und das Produkt im Mund bewegt wird. Ein Produkt kann daher im Laufe des Konsums unterschiedlich wahrgenommen werden. *Zeit-Intensitätstests* werden folglich dann herangezogen, wenn die Bewertung zu einem einzigen Zeitpunkt ungenügend ist, um Produkte, die sehr unterschiedliche temporäre Eigenschaften aufweisen, zu unterscheiden. Ein typisches Beispiel für eine Anwendung im Lebensmittelbereich ist Kaugummi, dessen Geschmack und Textur sich im Laufe eines Kauvorganges ändert und der statisch (zu einem Zeitpunkt bewertet – wie üblich bei wie *QDA* oder *Spectrum*) daher nur unzureichend beurteilt werden kann. Die höhere Akzeptanz eines Kaugummis gegenüber einem anderen könnte auf seine dynamische Wahrnehmung zurückzuführen sein.

Testpersonen für *Zeit-Intensitätstests* müssen ausgewählt und im Anschluss trainiert werden. *Panellisten*, die bereits auf *deskriptive Methoden* trainiert sind, erleichtern das spezifische Training, da sie Attribute bereits erkennen und die Beurteilung an der Skala gewöhnt sind.

Abhängig von den Messzeitpunkten werden drei Varianten unterschieden:
- Der einfachste Ansatz ist die Beurteilung nach den verschiedenen Verzehrsphasen, z. B. unmittelbar nach dem Abbeißen, nach dem Zerkauen, nach dem Schlucken.
- Der zweite, etwas detailliertere Ansatz ist, die Intensität des Attributes in vorher definierten Zeitabschnitten zu bewerten.
- Der dritte und am meisten verbreitete Ansatz ist die kontinuierliche Messung, wozu eine computerisierte Datenerfassung notwendig ist.

Moderne computerisierte Sensoriklabors verfügen normalerweise über ein Datenerfassungsprogramm, das die Durchführung von *Zeit-Intensitätstests* erlaubt. Dabei wird entweder ein einziges Attribut (SATI = single attribute time intensity) oder es werden zwei Attribute simultan (DATI = dual attribute time intensity) an einer Intensitätsskala beurteilt. Bei DATI bestehen Bedenken bezüglich der Validität der gewonnenen Daten, da die simultane Beurteilung von zwei Attributen Schwierigkeiten bereiten kann (Arazi et al. 2001). Die letztgenannten Autoren führten eine Studie zum Vergleich von SATI und DATI durch und fragten die Testpersonen am Ende auch nach ihrer persönlichen Meinung über Vor- und Nachteile beider Methoden. Überraschenderweise fanden viele Testpersonen DATI einfacher als SATI, da sie sich angeblich besser konzentrieren konnten. Die Autoren räumten aber ein, dass dies nur dann der Fall ist, wenn die beiden Attribute leicht auseinander gehalten werden können. Eine kleine Anzahl der Testpersonen in dieser Studie fanden es hingegen schwieriger, sich auf zwei Attribute gleichzeitig zu konzentrieren (Arazi et al. 2001). In der Praxis wird meist SATI angewendet. Die Skala zur kontinuierlichen Intensitätsbeurteilung kann entweder horizontal (siehe Bsp. Erdbeerjoghurt) oder vertikal sein.

Vor Beginn der Beurteilung befindet sich der Cursor am (im Beispiel Erdbeerjoghurt linken) Ende der Skala. Die Testperson nimmt einen Löffel voll Joghurt in den Mund, drückt – wenn vorhanden – einen Startknopf und beginnt unmittelbar mit der Beurteilung. Die Prüfperson fährt mit dem Cursor nach rechts, wenn die Cremigkeit zunimmt, und nach links, wenn sie abnimmt. Wird Cremigkeit nicht mehr wahrgenommen, geht die Testperson ans linke Ende der Skala zurück.

*Beispiel: Erdbeerjoghurt, Attribut = cremig, Methode = SATI, horizontale Skala*

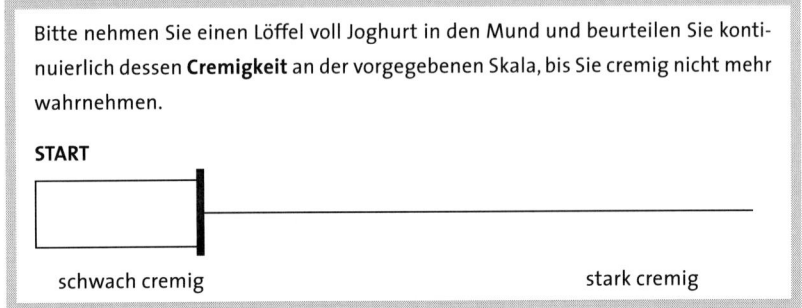

Bitte nehmen Sie einen Löffel voll Joghurt in den Mund und beurteilen Sie kontinuierlich dessen **Cremigkeit** an der vorgegebenen Skala, bis Sie cremig nicht mehr
wahrnehmen.

**START**

schwach cremig                                      stark cremig

Die Bewertungen individueller Testpersonen weisen oft spezifische Kurvenfor-
men auf. Die entsprechenden Computerprogramme erfassen einen Intensitäts-
wert pro Zeiteinheit und bilden die individuellen Kurven (eine Kurve pro Testperson und Produkt und Wiederholung) ab. Kurven einzelner Testpersonen
können verglichen werden.

Weiters können aus jeder Kurve (Abb. 16) Parameter wie maximale Intensität
(a), Zeitdauer bis zum Erreichen der maximalen Intensität (b), gesamte Dauer
der Empfindung (c), die Fläche unter der Kurve, Flächenteile unter dem anstei-

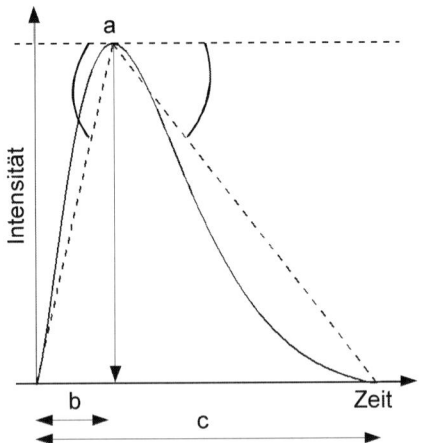

Abbildung 16: Zeit-Intensitäts-Kurve mit Extraktionsparametern

genden und abfallenden Kurventeil, diverse Winkel und andere Parameter berechnet werden.

Die Auswertung zeigt beispielsweise, ob ein Produkt früher und das andere später seine maximale Intensität erreicht oder ob die Empfindungsdauer unterschiedlich lange ist (etwa der Minzegeschmack von Kaugummis).

### 9.4.5 Temporal dominance of sensations (TDS )

TDS ist eine weitere und relativ neue Methode, die sich auf dynamische Wahrnehmung von Produkten konzentriert. Es werden mehrere Attribute gleichzeitig betrachtet und die Testpersonen selektieren das jeweils dominante Attribut und bewerten es in seiner Intensität. Als Ergebnis erhält man wie beim Zeit-Intensitätstest eine Kurve pro Attribut und Produkt, die jedoch nicht als Ersatz für Zeit-Intensitäts-Kurven gelten sollen. Während der Zeit-Intensitätstest eine genaue Methode zum Studieren einzelner Attribute ist, werden bei TDS Interaktionen zwischen Attributen indirekt berücksichtigt. Die Anzahl der gleichzeitig betrachteten Attribute ist auf maximal 10 limitiert, darüber hinaus haben Testpersonen Schwierigkeiten, alle Attribute im Fokus zu behalten (Pineau et al. 2009).

Aufgrund des unterschiedlichen Fokus der beiden dynamischen Methoden sind Unterschiede in den Ergebnissen vergleichender Studien zu erwarten. In der Praxis kamen beide Methoden bei Heißgetränken jedoch zu ähnlichen Schlussfolgerungen (Le Reverend et al. 2008), während sich die Zeit-Intensitäts-Kurven von den TDS-Kurven bei Milchprodukten unterschieden (Pineau et al. 2009). Mit herkömmlicher deskriptiver Analyse verglichen, zeigte TDS mit einem reduzierten Attributset ermutigende Resultate (Labbe et al. 2009).

## 9.5 Panelmotivation

Da die Rekrutierung und das Training neuer *Panellisten* zeit- und kostenaufwendig ist, ist es wichtig, *Panellisten* entsprechend zu motivieren und über einen längeren Zeitraum als Testpersonen zu behalten.

Lyon et al. (2002: 49) befragten ein *Panel* nach den Dingen, die sie am liebsten beziehungsweise am wenigsten an ihrer Tätigkeit mochten. Am positivsten wurden das Testen von Lebensmitteln, der Teamgeist, soziale Aspekte/Freund-schaften, Trainingssitzungen und Diskussionen am runden Tisch, interessante Lebensmittel sowie Besichtigungen von anderen Betriebsgebäuden oder Räumlichkeiten empfunden. Das viele Testen vom selben Produkt, zu viel Zeit in den Prüfkabinen, lange Versuchseinheiten, Produkte bewerten, die man nicht besonders mag, lange Wartezeiten und ein niedriger Gehalt wurden am meisten beanstandet.

In einer von der Autorin selbst durchgeführten Befragung eines Panels wurde die Wichtigkeit sozialer, finanzieller und inhaltlicher Aspekte ermittelt. Die befragten Panellisten fanden bei den soziale Aspekten den persönlichen Bezug zur Panelleitung als wesentlich, und die Gruppe als Ganzes wurde als wichtiger empfunden als das gute Auskommen mit einzelnen Personen aus der Gruppe (Abb. 17).

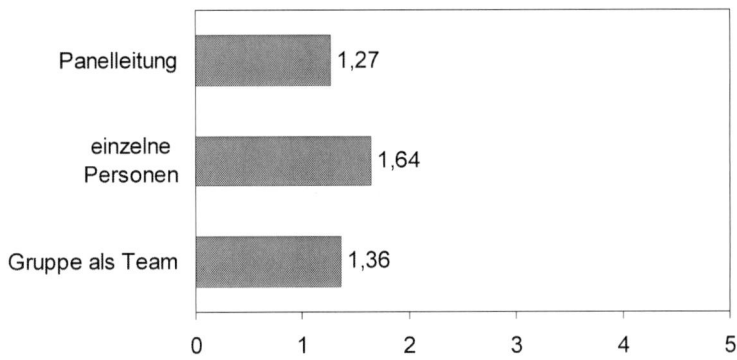

Abbildung 17: Wichtigkeit sozialer Aspekte (1 = sehr wichtig, 5 = nicht wichtig, n = 11)

Die in diesem Fall rein weibliche Gruppe hatte keine Vorliebe für die Zusam-mensetzung, sondern fanden es egal, ob die Gruppe gemischt war oder nicht. Inhaltlich waren sich alle Testerinnen einig, dass sie das Kosten vieler unter-schiedlicher Produkte gegenüber wenigen Produkten präferierten, auch wenn sie dadurch manchmal Proben kosten mussten, die ihnen weniger schmeckten. Mitunter ist diese Neugier für neue Produkte und die sensorische Aufgeschlos-senheit eine Schlüsselfrage bei der Suche nach Testpersonen. Der Spaß am Verkosten – beurteilt an einer 5-Punkte-Skala mit 1 = sehr wichtig und 5 = nicht wichtig – wurde als sehr wichtig eingestuft (im Durchschnitt 1,36).

Weiters wurden die Testpersonen gebeten, die drei Aspekte Geld, Soziales und Inhalt (Produkte, Interesse am Verkosten) in der Reihenfolge Ihrer Wichtigkeit einzustufen. Dabei wurden im Durchschnitt Inhalt und Soziale Aspekte als gleich gewichtig erachtet (mittlere Ränge jeweils 1,64), das Geld war vergleichsweise weniger bedeutend (mittlerer Rang 2,55) – aber nicht egal (Abb. 18).

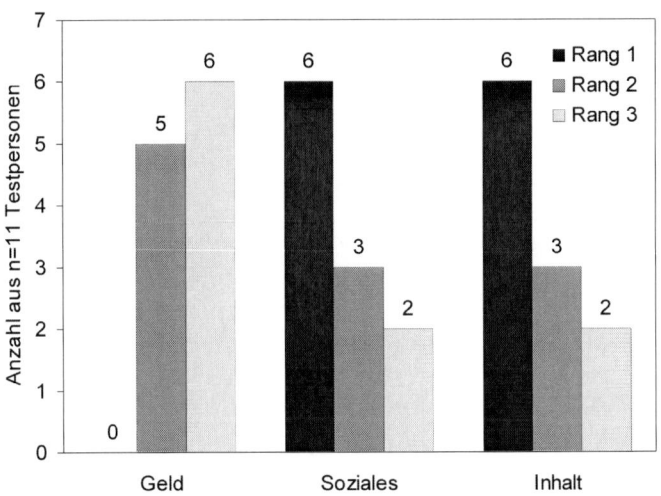

Abbildung 18: Rangordnung der Wichtigkeit

Feedback über die getesteten Produkte zu erhalten, über die eigene Leistung oder über andere Firmenbereiche (z.B. Führung in die Produktion) war den Panellistinnen ebenfalls wichtig, wenn auch nicht sehr wichtig (Abb. 19).

Auch wenn die Befragung eines Panels nicht repräsentativ für Panels generell ist, können daraus einige Aspekte abgeleitet werden, wie man Testpersonen motivieren und folglich längerfristig binden kann.

Einer internationalen Studie zufolge sind externe Panellisten interessierter an ihrer Arbeit als interne Tester (Mitarbeiter der Firma). Es macht Ihnen mehr Spaß, sie sehen einen persönlichen Vorteil dabei und empfinden sich als besse-

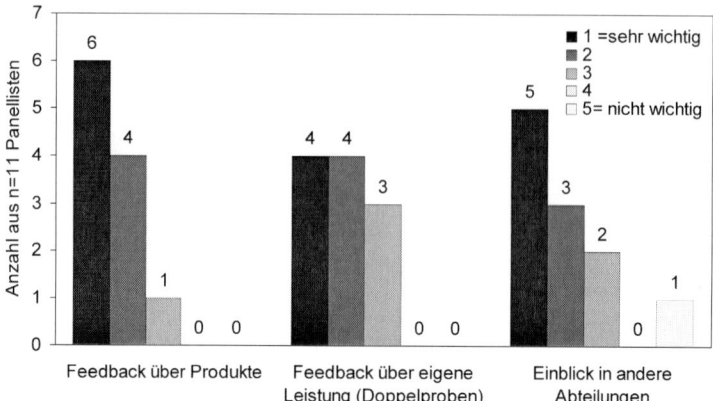

Abbildung 19: Wichtigkeit inhaltlicher Aspekte

re Verkoster im Vergleich zu internen Panellisten, die es mehr als ihre Pflicht denn ihre Wahl betrachten (Lund et al. 2009). Die Ergebnisse dieser Studie sind nicht als Absage an interne Panels zu verstehen, sondern unterstreichen die Wichtigkeit einer freiwilligen Teilnahme bei internen Panels.

## 9.6 Panel Performance

*Panellisten* werden als analytisches Instrument eingesetzt und müssen dementsprechend regelmäßig auf Ihre Fähigkeiten überprüft werden. Dies erlaubt dem Panelleiter, etwaige Probleme einzelner Testpersonen zu identifizieren und durch spezifische Trainings zu beheben.

Auf individueller Ebene sind die Verwendung der Skala, Wiederholbarkeit der Messungen, Diskriminierfähigkeit und Übereinstimmung mit anderen *Panellisten* bedeutend. Auch die Wiederholbarkeit des gesamten *Panels*, die Diskriminierfähigkeit des *Panels* und das einheitliche Attributverständnis werden überprüft. Spezielle *Panel* performance Programme sind käuflich erwerbbar. Derndorfer et al. (2005b) publizierten einen Programmcode, der im kostenlos verfügbaren Statistikprogramm R (R Development Core Team 2005) als Schnellmethode zur Überprüfung der *Panel* performance verwendet werden kann. Detaillierte Erklärungen können in der genannten Publikation nachgelesen werden.

# 10 Proficiency testing

„Proficieny testing" ist die Messung der Leistung einzelner *Panels* durch Vergleich mit anderen *Panels* und stellt somit ein objektives Instrument zur Bewertung der Fähigkeit und Beständigkeit eines *Panels* dar. Es handelt sich um Ringstudien, die in anderen Disziplinen, wie z. B. bei chemischen Untersuchungen, schon lange etabliert sind.

„Proficieny testing" beschäftigt sich nicht wie *Panel* performance mit der Vergleichbarkeit einzelner *Panellisten* eines *Panels*, sondern vergleicht die Gruppenergebnisse verschiedener *Panels* (McEwan 2000a, McEwan 2000b).

# 11    Hedonische Prüfungen

*Hedonische Prüfungen* sind Testverfahren, bei denen die subjektive Wahrnehmung von Produkten (gut oder schlecht) durch ungeschulte Konsumenten ermittelt wird. Somit stellen *hedonische Prüfungen* eine Schnittstelle zwischen Markforschung und Sensorik dar.

Es gibt zwei Möglichkeiten, die sensorische Beliebtheit von Produkten durch Konsumenten zu testen: entweder durch direkte Messung der Akzeptanz an einer *hedonischen* Skala oder durch die Ermittlung der Präferenz für ein Produkt in Form eines Paarvergleichs (bei zwei Produkten) beziehungsweise einer *Rangordnung* (bei mehr als zwei Produkten).

Beide Varianten – Akzeptanz- und Präferenztest – bedürfen einer Befragung der Testpersonen. Will man direkte Befragungen vermeiden, können Beobachtungsstudien durchgeführt werden (siehe Kapitel 11.7).

## 11.1    Akzeptanztests

In den meisten Fällen wird die Gesamtakzeptanz oder es werden separate Akzeptanzen von Aussehen, Geruch, Geschmack, ... erfragt. Die bekannteste Skala ist die 9-Punkte *hedonische* Skala (Peryam und Girardot 1952, Peryam und Pilgrim 1957), eine *Verbalskala*:

Like extremely
Like very much
Like moderately
Like slightly
Neither like nor dislike
Dislike slightly
Dislike moderately
Dislike very much
Dislike extremely

Aus den Akzeptanzurteilen einer größeren Anzahl an Konsumenten wird der Mittelwert, also die durchschnittliche Akzeptanz eines Produktes, errechnet. Aus statistischer Sicht ist dies nur dann zulässig, wenn die Abstände zwischen den Kategorien einer Skala gleich groß sind, das heißt die Skala *intervallskaliert* ist. Bei der *hedonischen* 9-Punkte-Skala wurde bereits 1955, kurz nach deren Entwicklung, gezeigt, dass die Abstände zwischen den semantischen Ausdrücken nicht gleich groß sind (Jones und Thurstone 1955, Jones et al. 1955). Dies ist auch einer der Haupt-Kritikpunkte an der Skala, dennoch ist sie seither die weitläufig am meisten verwendete *hedonische* Skala (Schutz und Cardello 2001: 118).

Anstelle von *Verbalskalen* können numerische Skalen verwendet werden, wo die Kategorien 1 bis 9 als Zahl vorgegeben sind und verbale Beschriftungen nur bei 1 und 9 zugefügt werden. *Unstrukturierte Skalen* (siehe Beispiel) sind auf jeden Fall intervallskaliert.

*Beispiel: Erdbeerjoghurt (Akzeptanztest)*

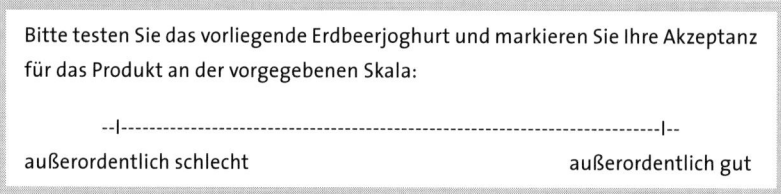

Bitte testen Sie das vorliegende Erdbeerjoghurt und markieren Sie Ihre Akzeptanz für das Produkt an der vorgegebenen Skala:

--|--------------------------------------------------------------------------|--

außerordentlich schlecht          außerordentlich gut

Eine jüngere Entwicklung im Bereich der *hedonischen* Skalen ist die *Labeled affective magnitude (LAM) scale* (Schutz und Cardello 2001; Cardello und Schutz 2004). Sie enthält dieselben semantischen Begriffe wie die klassische *hedonische* 9-Punkte-Skala plus zwei zusätzliche Begriffe an den Extremen: „greatest imaginable liking" und „greatest imaginable disliking", also die höchste beziehungsweise niedrigste vorstellbare Akzeptanz (Tab. 6). Die Abstände zwischen den Kategorien der Skala sind nicht gleich groß, sondern folgen dem Prinzip einer *Verhältnisskala*, wie bereits in Kapitel 8.3 beschrieben. Die Abstände der Kategorien an den Extremen der Skala sind größer als im Zentrum und die Skala führt folglich zu besserer Unterscheidung von sehr beliebten Produkten. Die *LAM*-Skala hat sich als einfach anwendbar herausgestellt und liefert verlässliche Ergebnisse. Die Verwendung der *LAM*-Skala ermöglicht außerdem, die relative Produktakzeptanz zu quantifizieren, z. B.: Die Akzeptanz für Produkt X ist doppelt so hoch/10 % stärker/beträgt ein Drittel der Akzeptanz von Produkt Y.

*Tabelle 6: Labeled affective magnitude scale (Cardello und Schutz 2004: 343)*

| *LAM*-Skala Labels | Position an Skala |
|---|---|
| greatest imaginable like | 100,00 |
| like extremely | 74,22 |
| like very much | 56,11 |
| like moderately | 36,23 |
| like slightly | 11,24 |
| neither like nor dislike | 0,00 |
| dislike slightly | -10,63 |
| dislike moderately | -31,88 |
| dislike very much | -55,50 |
| dislike extremely | -75,51 |
| greatest imaginable dislike | -100,00 |

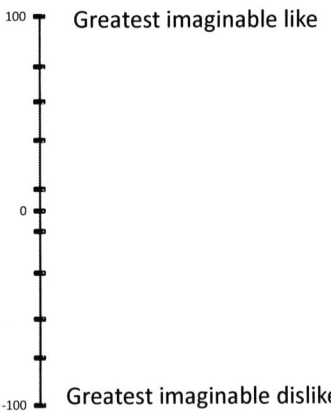

Abbildung 20: LAM-Skala

Die statistische Auswertung von *Akzeptanztests* wird in Kapitel 14.6 besprochen.

Für *Akzeptanztests* mit Kindern wurden spezielle Skalen entwickelt. Es werden entweder *Verbalskalen* mit altersgerechten Ausdrücken, z. B. von „supergood" bis „superbad" (Kroll 1990) oder *Symbolskalen* mit Smileys (Abb. 20), Snoopies und anderen fröhlichen bis traurigen Gesichtern dargestellt.

Swaney-Stueve (2003: P116) verglich verschiedene *hedonische* Skalen für Kinder im Alter von 8–12 Jahren und stellte fest, dass Kinder einen größeren Skalenbereich nutzten, wenn Symbole anstelle von Wörtern als Ankerpunkte verwendet wurden. Die verwendeten sprachlichen Ausdrücke hatten keinen Einfluss auf die Skalenverwendung.

Chen et al. (1996) führten Experimente mit jüngeren Kindern durch und fanden, dass 4-jährige Kinder in der Lage sind, anhand von Gesichterskalen mit 5 Gesichtern ihre Präferenzen zum Ausdruck zu bringen.

Abbildung 21: Hedonische Gesichterskala

Die Verwendung solcher *Symbolskalen* kann auch Nachteile mit sich bringen, da Kinder unter sechs Jahren von den Bildern abgelenkt werden können und die Testaufgabe mitunter kognitiv nicht verstehen. So wurde in einer Studie mit Aromastoffen für Kindermedizin beobachtet, dass die Kinder glückliche Gesichter ankreuzten, weil sie dachten, es ginge ihnen nach einer Medikation besser. Dies stellte sich erst bei nachträglich durchgeführten Interviews heraus (Stone und Sidel 2004: 90f).

Um Produktakzeptanzen von Babys und Kleinkindern zu ermitteln muss auf andere Methoden zurückgegriffen werden. Üblicherweise wird die vom Baby verzehrte Menge erhoben und der Gesichtsausdruck des Babys durch dessen Mutter/Vater und eine/n Versuchsleiter/In interpretiert (siehe Kap. 11.7.1).

## 11.2 Präferenztests

Bei *Präferenztests* wird die relative Bevorzugung von Produkten ermittelt. Man unterscheidet folgende Methoden:

### 11.2.1 Paired preference test

Konsumenten wählen aus zwei vorgelegten Proben die bevorzugte aus. Der Test kann so angelegt werden, dass sich jede Testperson für eine der beiden Proben entscheiden muss oder auch die Option hat, beide Produkte gleich zu präferieren. Liegen mehr als zwei Proben vor, kann ein multipler Paarvergleich durchgeführt werden, das heißt, dass alle möglichen Probenpaare auf Präferenz getestet werden. Der Testaufwand steigt dabei überproportional mit der Anzahl der Proben an. Die Auswertung des gepaarten *Präferenztests* ist in Kapitel 14.7 beschrieben.

### 11.2.2 Rangordnungstests nach Präferenz

*Rangordnungsprüfungen* werden durchgeführt, wenn mehr als zwei Produkte verglichen werden sollen. Die Durchführung und statistische Auswertung erfolgt analog zu *Rangordnungen* nach einem beliebigen Attribut (Kapitel 14.3).

*Beispiel: Hedonischer Rangordnungstest – Erdbeerjoghurt*

> Sie erhalten 5 Proben Erdbeerjoghurt. Bitte testen Sie die 5 Proben in der vorgegebenen Reihenfolge von links nach rechts. Bitte reihen Sie die 5 Proben entsprechend ihrer Bevorzugung: Rang 1 erhält die Probe, die Sie am meisten bevorzugen, Rang 5 jene, die Sie am wenigsten bevorzugen. Rückkosten ist erlaubt, nachdem sie alle Proben durchgekostet haben.
>
> Rang 1: _____
> Rang 2: _____
> Rang 3: _____
> Rang 4: _____
> Rang 5: _____

Bei Kindern ab 5 Jahren kann eine modifizierte Version der *Rangordnungsprüfung* angewendet werden. Das Kind wählt das beste Produkt aus allen angebotenen aus, dann wird dieses Produkt entfernt, und das Kind wählt aus den übrigen wieder das beste aus, welches ebenfalls im Anschluss entfernt wird. Dieser Prozess wird so lange wiederholt, bis nur mehr ein Produkt übrig bleibt. Diese Methode wird auch als „ranking by elimination" bezeichnet (Léon et al. 1999: 95).

### 11.2.3 Best-Worst-Scaling

*Best-Worst-Scaling* ist eine Präferenzmethode, wo aus einem Set aus drei oder mehr Proben nur die beste und die schlechteste Probe ausgewählt werden (Jaeger und Cardello 2009). Jede mögliche Kombination aus zwei Produkten muss vorkommen, dies führt dazu, dass jedes Produkt mehrere Male angeboten wird und folglich viel mehr Proben verkostet werden müssen.

*Tabelle 7: Best-Worst-Scaling*

| Am meisten bevorzugt | Produkt | Am wenigsten bevorzugt |
|:---:|:---:|:---:|
| X | 427 | |
| | 588 | |
| | 703 | X |
| | 561 | |

### 11.2.4 Positional Relative Rating (PRR)

„*Positional Relative Rating*" (PRR) oder „Rank Rating" ist eine Methode, bei der Konsumenten alle Produkte simultan erhalten, miteinander vergleichen und relativ zueinander entsprechend ihrer Vorliebe auf einer Papierstreifen-Skala aufstellen. Die Tester dürfen rückkosten, und können die Positionen zueinander so lange verändern bis sie mit dem Ergebnis zufrieden sind (Cordonnier und Delwiche 2008). Streng genommen stellt diese Methode eine Mischung aus Akzeptanz- und Präferenztest dar: Akzeptanz, da eine Skala im Einsatz ist; und Präferenz, da die Produkte relativ zueinander aufgestellt werden.

## 11.3    Methodenvergleich von Akzeptanz- und Präferenztests

In den letzten Jahren wurden mehrere Methodenvergleiche publiziert. Jaeger und Cardello (2009) verglichen *Best-Worst-Scaling* mit der *LAM-Skala* anhand von sieben Fruchtsäften. Konsumenten wurden in zwei Gruppen eingeteilt. Die Best-Worst-Gruppe erhielt sieben Sets zu je drei Säften, kostete diese und musste jeweils den besten und den schlechtesten der drei auswählen. Die Sets wurden so gewählt dass jede mögliche Kombination zweier Säfte einmal vorlag. Die LAM-Gruppe bewertete die sieben Säfte entsprechend ihrer Akzeptanz an der *LAM-Skala*, wobei jeder Saft nur einmal angeboten wurde. Tendenziell (10 % Irrtumswahrscheinlichkeit) wurden mehr signifikante Unterschiede zwischen Probenpaaren bei der LAM-Skala gefunden. Insgesamt wurden vergleichbare Ergebnisse hinsichtlich der Präferenzmuster erhalten.

Eine Studie mit Müsliriegel verglich drei Akzeptanzmethoden (9-Punkte-Skala, LAM-Skala, unstrukturierte Skala) und zwei Präferenzmethoden (Best-Worst-Scaling und Rangordnung nach Präferenz) miteinander. 233 Konsumenten wurden auf die fünf Methoden aufgeteilt. Beim *Best-Worst-Scaling* unterschieden sich mehr Probenpaare signifikant voneinander als in der ersten Wiederholung bei den Akzeptanztests. Alle Methoden identifizierten die gleiche Probe als die am wenigsten akzeptable. Bei der bestplatzierten Probe (der eigentliche Fokus!) waren die Ergebnisse der fünf Methoden nicht identisch, drei verschiedene Riegel waren topplatziert, diese unterschieden sich jedoch nicht signifikant voneinander bei den meisten Methoden. Die Unterscheidung zwischen den Proben war bei der *LAM-Skala* nicht besser als bei der 9-Punkte-Skala. Es sei an dieser Stelle darauf hingewiesen, dass die bessere Unterscheidbarkeit das Argument für die Entwicklung der LAM-Skala gewesen war (siehe 11.1). Am einfachsten fanden die Konsumenten *Best-Worst-Scaling* und die unstrukturierte Linienskala. Die Rangordnung nach Präferenz wurde am schwierigsten empfunden (Hein et al. 2008).

Lawless et al. (2010) verglichen LAM-Skala und hedonische 9-Punkte-Skala und kamen ebenso zum Schluss, dass keine Skala einen ausgeprägten Vorteil gegenüber der anderen aufweist. Mit beiden Skalen wurde erfolgreich zwischen den Produkten unterschieden. Andere Autoren fanden mehr Unterschiede zwischen beiden Skalen. Zusammengefasst kann daher gesagt werden, dass die LAM-Skala definitiv keinen Nachteil hat, ein etwaiger Vorteil der LAM-Skala ist, wenn überhaupt, allerdings nur geringfügig ausgeprägt.

Cordonnier und Delwiche (2008) verglichen „*Positional Relative Rating* (PRR)" und 9-Punkte-hedonische Skala. Vier Limonaden wurden jeweils doppelt angeboten, bei beiden Methoden wurden die acht Testprodukte simultan bereitgestellt. Die Ergebnisse unterschieden sich nicht voneinander, die Reihenfolge der Beliebtheit war gleich, und dieselben Probenpaare waren bei beiden Methoden signifikant unterschiedlich.

Bei der Zielgruppe der Älteren könnte eine hedonische Rangordnung nach Präferenz jedoch besser geeignet zu sein als die Akzeptanzmessung an einer 9-Punkte-Skala. Bei einem Test mit Fruchtsäften machten 60–88-Jährige im Akzeptanztest keinen Unterschied zwischen fünf Apfelsäften, hatten bei der Rangordnung jedoch klare Präferenzen. Beim Orangensaft fielen die Ergebnisse beider Methoden vergleichbar aus. Die Studienautoren nahmen an, dass bei offensichtlichen Unterschieden in den Vorlieben beide Methoden gleich effizient sind, während bei subtileren Unterschieden die Rangordnung nach Präferenz eine genauerer Methode ist (Barylko-Pikielna et al. 2004).

## 11.4   Just about right

So genannte „Just-right scales" werden manchmal im Rahmen von Konsumententests eingesetzt, um die „ideale" Intensität von Attributen zu bestimmen. Sie weisen gewöhnlich drei oder fünf Kategorien auf. Ein Problem dieser Skalen ist, dass Konsumenten die zu beurteilenden Attribute mitunter unterschiedlich verstehen. Derartig gewonnene Daten können folglich jene aus *deskriptiven* Analysen nur unzureichend ersetzen (Stone und Sidel 2004: 92).

*Beispiel: Just right scale – Süße des Erdbeerjoghurts*

Bitte kreuzen Sie die für Sie zutreffende Antwort an.

Das vorliegende Joghurt ist für mich ...

○   viel zu süß
○   etwas zu süß
○   gerade richtig
○   etwas zu wenig süß
○   viel zu wenig süß

Die genaue Bedeutung des Begriffes „just about right", übersetzt „gerade richtig", aus Sicht der Konsumenten wurde erst 2007 in den USA untersucht (Gacula et al. 2007). Dabei wurden 35 Begriffe oder Phrasen hinsichtlich ihrer Äquivalenz zu „just about right" an einer 7-Punkte-Skala (1 = unwahrscheinlichste Bedeutung; 7 = höchstwahrscheinliche Bedeutung) getestet. Die Konsumenten fanden, dass der Begriff „just about right" ein Produkt beschriebt, das „okay" oder „sehr gut" ist. Tabelle 8 zeigt, wie gut die 35 Begriffe mit „gerade richtig" übereinstimmen.

Diese Begriffe ins Deutsche zu übersetzen ist zwar möglich, die exakte Bedeutung kann aber nicht immer beibehalten werden. Aus diesem Grund wurden die Begriffe in Tabelle 8: in der Originalsprache Englisch belassen. Ob Konsumenten im deutschsprachigen Raum „gerade richtig" ebenso als okay und sehr gut einstufen würden, kann aus der amerikanischen Studie nicht abgeleitet werden.

*Tabelle 8: Die Bedeutung von „just about right" (1 = unwahrscheinlichste Bedeutung, 7 = höchst wahrscheinliche Bedeutung)*

| Wörter/Phrasen | Mittelwert Konsumenten |
| --- | --- |
| Okay | 4,9 |
| Very good | 4,8 |
| I like the product | 4,8 |
| Like it very much | 4,7 |
| Highly favorable | 4,5 |
| High acceptability | 4,5 |
| Desirable, like the product | 4,4 |
| Best for the situation | 4,3 |
| Correct | 4,3 |
| Reference point for product liking | 4,3 |
| Pleasing intensity | 4,3 |
| Good, but not necessarily preferred | 4,2 |
| Okay for company customer | 4,2 |
| Probably like the product | 4,1 |
| Between low and high intensity | 4,1 |
| Everyone would like the product | 4,1 |
| Neither low or high intensity | 4,1 |
| Prefer product | 4,0 |
| Preference point for acceptance | 4,0 |
| Like moderately | 3,9 |
| Average | 3,9 |
| Like extremely | 3,9 |
| Medium preference | 3,9 |
| Buy the product | 3,8 |
| Appropriate but not well liked | 3,8 |
| Attribute reference point | 3,8 |
| Purely descriptive of product quality | 3,6 |
| Family would like the product | 3,6 |
| Product characteristic description | 3,6 |
| Neither like nor dislike | 3,5 |
| Acceptable but not necessarily liked | 3,2 |
| Dislike slightly | 3,0 |
| Has nothing to do with acceptance | 2,9 |
| Has nothing to do with preference | 2,7 |
| Something wrong with the product | 2,2 |

## 11.5 Dynamische Präferenzen

*Hedonische* Produkttests basieren meist auf Einzelmessungen, bei denen lediglich der erste Eindruck des Produktes erfasst wird. Nur selten wird untersucht, ob und wie sich die Präferenz bei mehrmaliger Produktverwendung ändert (Scharf 2000: 376), obwohl bekannt ist, dass ein früher schon einmal verarbeiteter Reiz nur aufgrund dieser früheren Darbietung positiver eingeschätzt wird (= *mere exposure effect*). Der Grund für Einzelmessungen liegt in den hohen Kosten von Konsumententests.

Es wurden jedoch bereits einige Methoden entwickelt, um den Effekt der mehrmaligen Produktexposition zu messen:

### 11.5.1 Aversionstest

Der *Aversionstest* (Scharf 2000: 378f) besteht aus vier Phasen:
- In der ersten Phase erhält jede Testperson eine kleine Produktmenge und beurteilt die Akzeptanz auf einer *unstrukturierten Skala*.
- Im zweiten Schritt erhält jede Testperson eine doppelt so große Portion und muss diese vollständig verzehren, um anschließend die Akzeptanz zu bewerten. Die Zeit, die jede Testperson für den Verzehr benötigt, wird gemessen.
- Im dritten Schritt erhält jede Testperson wiederum eine große Portion und kann in einer bestimmten Zeit so viel essen, wie sie möchte, und danach ihre Akzeptanz beurteilen. Der übrig gelassene Rest wird gewogen.
- Im vierten Schritt muss jede Testperson wieder eine kleine Menge verzehren und die Akzeptanz zum letzten Mal beurteilen.

Außerdem muss die Menge an konsumiertem Produkt über alle Phasen geschätzt werden. Die Menge, die über alle vier Phasen verzehrt wird, liegt über der durchschnittlichen Verzehrsmenge.

### 11.5.2 Langeweiletest

Teilnehmer erhalten die Vorinformation, in mehreren Durchgängen eine Vielzahl an ähnlichen, aber nicht identischen Varianten eines neuen Produktes hinsichtlich Akzeptanz zu beurteilen, erhalten aber nur zwei bis drei unterschiedliche Varianten. Neben den Akzeptanzen wird die jeweils verzehrte Menge erfasst. Mit diesem Testverfahren kann herausgefunden werden, welche Produktvarianten im Laufe der Zeit Langeweile verursachen. Bislang fehlen adäquate Theorien zur Erklärung der in *Langeweiletests* beobachteten Effekte. Wie beim *Aversionstest* könnte beim *Langeweiletest* die atypische Verzehrssituation die *hedonischen* Urteile beeinflussen (Scharf 2000: 380–2).

## 11.6 Performance Tracking

Sensorische Marktforschung endet nicht notwendigerweise mit dem Launch eines neuen Produktes. Unter *Performance Tracking* versteht man das Qualitäts-Monitoring bestehender Produkte, das sinnvollerweise auch sensorische Akzeptanztests mit Konsumenten, und zwar Verwendern des Produktes, einbezieht. Die Herstellung der Testmuster ist dabei ein wesentlicher Aspekt, für das *Performance Tracking* wird eine Zufallsstichprobe aus der laufenden Produktion genommen. Der Test ist ein *monadischer* Test (siehe Kapitel 4) mit nur einem Testprodukt (Lill und Köhn 2006: 23, 26).

## 11.7 Neue Zugänge sensorischer Marktforschung

Während herkömmliche Sensorik-Methoden auf Produktverkostung mit Befragung abzielen, wird bei neueren Methoden auf Beobachtung der Konsumenten gesetzt. Konsumenten können ihre Antworten bei Befragungen theoretisch steuern, die Beeinflussung der Augenbewegungen, sämtlicher kleinen Gesichtsmuskeln oder gar der Hirnaktivität ist hingegen kaum möglich.

### 11.7.1 Facial Action Coding System (FACS)

Das Gesichtsbewegungen-Kodierungssystem wurde 1976 zur Klassifikation emotionaler Gesichtsausdrücke entwickelt. Fast jeder sichtbaren mimischen Muskelbewegung wird eine Bewegungseinheit (Action Unit) zugeordnet. (http://de.wikipedia.org/wiki/Facial_Action_Coding_System). Dieses System wird auch bei manchen sensorischen Tests eingesetzt. Bei Babys stellt der Gesichtsausdruck beim Verzehr eines Produktes, kombiniert mit der verzehrten Menge, die einzige Möglichkeit dar um die Akzeptanz zu ermitteln. Personen werden also beim Essen gefilmt, und für die ersten Sekunden des Kurzfilmes werden alle Muskelbewegungen interpretiert.

Wendin et al. (2011) decodierten die Gesichtszüge von trainierten Testpersonen, denen reines Wasser sowie Lösungen der Grundgeschmacksarten süß, sauer, salzig, bitter und umami in verschiedenen Konzentrationen gegeben wurden. Die Tester mussten den Geschmackseindruck identifizierten und anschließend die Intensität des jeweiligen Geschmacks an einer Skala bewerten. Außerdem gaben sie ihre Akzeptanz für die Lösungen an. Dabei wurden sie auf Video aufgenommen, und zwei trainierte Beobachter dekodierten die Gesichtszüge. Folgende Erkenntnisse wurden gewonnen:

- Die Gesichtsbewegungen waren bei intensiverem Geschmack stärker. Nur Bitterkeit stellte diesbezüglich eine Ausnahme dar.
- Süße rief generell geringere Gesichtsbewegungen hervor als die anderen Geschmacksrichtungen.
- Da selbst bei Wasser einzelne Bewegungen beobachtet wurden, sind diese Bewegungen mitunter als Basalreaktionen einzustufen und daher auch bei den Geschmacksrichtungen unbedeutend.
- Die Akzeptanz der Lösungen sank bei allen Geschmacksrichtungen mit zunehmender Konzentration.
- Die Gesichtsreaktionen waren bei Wiederholungen reproduzierbar.

### 11.7.2   Elektromyografie (EMG)

Eine zweite Möglichkeit, Gesichtsmuskeln zu analysieren, ist die Elektromyografie. Hier wird die elektrische Muskelaktivität gemessen. EMG wurde ebenso wie das FACS bei Menschen und Tieren eingesetzt, um affektive Reaktionen zu messen (Wendin et al. 2011).

### 11.7.3   Messung der Hirnaktivität

Auch die Neurobiologie stellt eine Grenzwissenschaft der Sensorik dar. Der *orbitofrontale Kortex* spielt eine wichtige Rolle bei der Verarbeitung positiver Erlebnisse, dazu gehört auch das hedonische Gefühl beim Schmecken (Schönhammer 2009: 116). Die Messung der Hirnaktivität ist in dieser Hinsicht eine spannende Ergänzung zu sensorischen Forschungsaktivitäten.

## 11.8 Gesundheitsbezogene sensorische Marktforschung

Die Verbreitung ernährungsabhängiger Erkrankungen verlangt eine verstärkte Diskussion um Prävention durch Ernährung. Die Lebensmittelindustrie muss dabei einbezogen werden, etwa bei Programmen zur Reduktion von Hypertonie. Verarbeitete Produkte sind oft sehr salzhaltig. Regelmäßiger hoher Salzkonsum fördert die Habituation an salzreiche Kost, umgekehrt gewöhnt man sich auch an weniger Salz. Salzreduktion ist, wie in Kapitel 2.3.2 erwähnt, ein aktuelles Forschungsthema.

Ein weiteres großes Gebiet ist Übergewicht, wo mit sensorischen Methoden untersucht wird, ob übergewichtige und normalgewichtige Personen unterschiedliche Präferenzen haben oder ob sich Präferenzen im Zuge einer Gewichtsreduktion ändern.

Sensorische Konsumentenforschung kann aber auch Antworten auf die Fragen geben, ob Health Claims die sensorische Wahrnehmung von off-flavours beeinflussen (Scholderer et al. 2009) oder ob Konsumenten bereit sind, sensorische Kompromisse für gesündere Produkte einzugehen. Mit sensorischer Marktforschung wurde außerdem gezeigt, dass die Kennzeichnung von Produkten als „Bio" (das gleiche Produkt wurde mit/ohne Biolabel angeboten) bei Ananas, aber nicht bei Wein eine Auswirkung auf die Geschmacksbewertung von Konsumenten hat (Poelman et al. 2004, Ebster & Derndorfer 2007).

Die Ermittlung der Neophobie (= Scheu) gegenüber neuen Technologien im Lebensmittelsektor mittels *Food Technology Neophobia Scale* (Cox et al. 2009) schafft ein Bild über die technophile Einstellung von Konsumenten.

# 12 Sensorik und Produktentwicklung

## 12.1 Strategische Produktforschung

Strategische Produktforschung zielt darauf ab, Konsumenten aufgrund ihrer Präferenzen zu segmentieren, Attribute die für Produktpräferenzen verantwortlich sind zu identifizieren und dadurch potenzielle Möglichkeiten für die Entwicklung neuer Produkte zu entdecken.

Vor allem bei Produktinnovationen, bei denen nur geringe Unterschiede zu bereits am Markt vorhandenen Produkten bestehen, wird am Beginn des Prozesses systematisch eine *hedonische Beurteilung* der bereits am Markt erhältlichen Produkte durch Konsumenten durchgeführt (*Category Appraisal*). Die ausgewählten Produkte müssen das am Markt befindliche geschmackliche Spektrum der jeweiligen Produktgruppe abdecken. Auf diese Weise werden zum einen Lücken für mögliche neue Produkte identifiziert, zum anderen können Konsumenten aufgrund ihres Präferenzmusters für die getesteten Produkte in Gruppen segmentiert werden. Letzterer Prozess ist insofern wichtig, als ein einziges Produkt nie alle Konsumenten gleich gut ansprechen wird.

Die gängigsten Techniken zur Segmentierung werden unter dem Begriff *preference mapping* zusammengefasst. Die zugrunde liegenden Techniken sind aus statistischer Sicht sehr weit entwickelt und nicht einfach anzuwenden (McEwan und Ducher 1998: 1) und sie setzen gute Statistikkenntnisse voraus. Neben *preference mapping* kommt die *Clusteranalyse* zum Einsatz.

### 12.1.1 Internal Preference Mapping (MDPREF)

Werden *Akzeptanztests* mit einer größeren Produktanzahl (mindestens sechs Produkte) durchgeführt, so kann aus den gewonnenen Daten eine graphische, zweidimensionale Produktpositionierung (map) auf Basis einer

*Hauptkomponentenanalyse (= PCA = principal component analysis)* erstellt werden.

Diese entspricht einer Akzeptanz-Landkarte: Produkte mit ähnlichen Akzeptanzbeurteilungen liegen auf der „internal *preference map*" nahe beieinander, jene mit unterschiedlichen weiter voneinander entfernt. Neben Produktpositionen enthält die „internal *preference map*" sämtliche Konsumenten, die entsprechend ihrer individuellen Produktpräferenzen positioniert sind. Ziel ist es herauszufinden, ob Gruppen *(Cluster)* von Konsumenten einen bestimmten Bereich auf der „map" bevorzugen (McEwan und Ducher 1998:1).

*Da* „internal *preference mapping*" keine *deskriptiven* Paneldaten mit einbezieht, ist das Verständnis der Präferenzdimensionen schwierig. Folglich weiß man nicht, welche sensorischen Attribute für die Präferenzen verantwortlich sind.

### 12.1.2  Extended Internal Preference Mapping

Durch Erweiterung einer „internal *preference map*" mit Daten eines trainierten *Panels* (Produktbeschreibungen und Intensitätsbewertungen in sämtlichen Attributen) können die Präferenzdimensionen erklärt werden. Dabei werden Daten auf die bereits generierte „internal *preference map*" projiziert – die statistische Basis dafür ist die Berechnung der Korrelationskoeffizienten zwischen den Präferenzdimension der „map" und jedem sensorischen Attribut.

### 12.1.3  External Preference Mapping (PREFMAP)

In diesem Fall wird von Produktbewertungen eines *deskriptiven Panels* ausgegangen. Mittels *Hauptkomponentenanalyse* wird eine räumliche Produktpositionierung erstellt, welche die relative sensorische Ähnlichkeit beziehungsweise Unterschiedlichkeit von Produkten zueinander zeigt (*PCA* map, Kapitel 14.5.2). *Hedonische* Urteile von Konsumenten werden im Anschluss durch Regressionsanalyse (Vektormodelle und Ideal-Punkt-Modelle) auf die „map" projiziert.

Der große Nachteil von „External *preference mapping*" ist, dass die Daten von etwa 30–50 % der Konsumenten nicht erklärt werden können und somit von der Analyse ausgeschlossen werden (McEwan et al. 1998:8).

Basierend auf den Ergebnissen eines *Category Appraisals* und der Identifikation von Konsumentenpräferenzen werden neue Produktideen generiert. Diese müssen einerseits hinsichtlich technischer Realisierbarkeit, Kosten und Zielkonformität im Unternehmen überprüft und andererseits Konsumenten zur Bewertung vorgelegt werden (Scharf 2000: 186f).

Dann werden entsprechende Konzepte entwickelt und überprüft. Dabei kommen qualitative Marktforschungsmethoden wie Fokusgruppen oder quantitative wie Conjointanalysen zum Einsatz (Scharf 2000: 188).

Zum Zeitpunkt der Entwicklung von Produktprototypen kommen – im Idealfall – verschiedene sensorische Prüfungen zum Einsatz. *Deskriptive Analysen* beantworten, welchen Einfluss bestimmte Zutaten oder technologische Produktionsparameter auf das sensorische Profil des Endproduktes haben, mit *Akzeptanz- oder Präferenztests* wird ermittelt, ob das Produkt der definierten Zielgruppe schmeckt.

Durch Kombination von *deskriptiven Analysen* mit trainierten *Panels* und *hedonischen Prüfungen* mit Konsumenten erhalten Produktentwickler Informationen darüber, welche sensorischen Attribute für die Akzeptanz oder Ablehnung von Produkten durch Konsumenten ausschlaggebend sind, und können das Produkt entsprechend weiterentwickeln.

Dazu ist es aber auch nötig zu verstehen, welche Inhaltsstoffe oder technologischen Maßnahmen tatsächlichen Einfluss auf diese wesentlichen sensorischen Eindrücke und auf die Akzeptanz von Konsumenten ausüben. So kann die Zugabe von Zucker zu Erdbeerjoghurt nicht nur dessen Süße, sondern auch Fruchtigkeit, Säure und Mundgefühl verändern. Die Akzeptanz eines Joghurts ist von diesen sensorischen Attributen sicherlich geprägt.

Ein derartiges Verständnis über die Zusammenhänge von Inhaltsstoffen, Prozessen, sensorischen Attributen und Akzeptanz der Konsumenten kann mit Hilfe von *experimentellen Designs* (= statistische Versuchsplanung) gewonnen werden. *Experimental designs* können aber auch zur Identifikation eines sensorischen Optimums eingesetzt werden.

## 12.2 Entwicklung von Prototypen und Optimierung mit Experimental Designs

Möchte man ein Produkt sensorisch optimieren, ist statistische Versuchsplanung unumgänglich. Nur durch systematische Variation von Inhaltsstoffen, technischen Parametern oder anderen Einflussfaktoren auf die sensorische Akzeptanz kann der Einfluss dieser Parameter verstanden und letztere in Folge optimal kombiniert werden.

Ein *Experimental Design* ist ein systematischer Ansatz, um wissenschaftliche und technische Probleme derart zu lösen, dass unmissverständliche Ergebnisse zu minimalen Kosten und in minimaler Zeit erhalten werden. Zur Erstellung *experimenteller Designs* gibt es spezifische Computerprogramme, wobei einfache Designs auch händisch generiert und die Daten auf Papier ausgewertet werden können. Die Auswertung und Interpretation der Ergebnisse bedarf fundierter Statistikkenntnisse.

Tabelle 9 gibt einen Überblick über die in der Literatur verwendeten Fachbegriffe.

*Tabelle 9: Begriffe in der statistischen Versuchsplanung (Experimental Design)*

| Response (Y) | Zielvariable, die gemessen wird (sensorische Produkteigenschaft, Beliebtheit des Konsumenten, Qualität, …) |
|---|---|
| Faktoren (X) | Variablen (z. B.: Inhaltsstoffe, technische Parameter), die verändert werden um ihren Einfluss auf die Response Variable zu ermitteln. |
| | Sie können quantitativ = kontinuierlich (z. B.: Menge, Temperatur, Zeit) oder qualitativ = kategorisch (z. B.: Hersteller, Maschinenart) sein. |
| | Als Faktorstufen werden die Ausprägungen pro Faktor bezeichnet. |
| | Bsp.: Faktor Menge (kontinuierlich) mit 2 Faktorstufen: 10 g und 25 g |
| | Bsp.: Faktor Hersteller (kategorisch) mit 3 Faktorstufen: Firmen A, B und C |
| Runs | Versuche |

## 12.2.1 Full factorial designs

*Full Factorial Designs* sind Versuchspläne, bei denen alle möglichen Kombinationen der Faktorstufen berücksichtigt werden.

Wird beispielsweise bei Erdbeerjoghurt ein systematischer Versuchsplan erstellt, bei dem die beiden Faktoren Frucht und Aroma (mit jeweils zwei Faktorstufen, höhere (+) und niedrigere (-) Konzentration) variiert werden, resultieren beim *Full Factorial Design* daraus vier Produktprototypen (Tab. 10), die alle möglichen Kombinationen aus den beiden Faktoren repräsentieren:

Tabelle 10: *Full Factorial Design $2^2$ (2 Faktoren mit je 2 Faktorstufen), Beispiel Erdbeerjoghurt*

| Run | Faktor $X_1$ = Frucht | Faktor $X_2$ = Aroma |
|---|---|---|
| 1 | + | − |
| 2 | − | + |
| 3 | + | + |
| 4 | − | − |

Werden Prototypen entsprechend Tabelle 10 hergestellt und einem *Akzeptanztest* unterzogen, ist die ermittelte Akzeptanz die Response Variable (Tab. 11). Nun kann der Einfluss der Faktoren Frucht und Aroma auf die Akzeptanz der Erdbeerjoghurts geschätzt werden. Als Ergebnis erhält man sowohl die relative Wichtigkeit der Faktoren (hat die Fruchtmenge oder die Aromastoffmenge einen größeren Einfluss auf die Akzeptanz) als auch das Ausmaß und die Richtung, in der die Faktoren das Ergebnis beeinflussen (führt höhere Frucht- oder Aromastoffkonzentration zu höherer oder niedrigerer Akzeptanz innerhalb der getesteten Konzentrationsspanne und wie groß ist dieser Effekt).

Bei *Full Factorial Designs* können aber auch Wechselwirkungen zwischen den Faktoren geschätzt werden. Somit wird auch ein potenzieller synergistischer (sich gegenseitig verstärkender) oder antagonistischer (gegenläufiger) Effekt der beiden Faktoren identifiziert.

*Tabelle 11: Full Factorial Design $2^2$ (2 Faktoren mit je 2 Faktorstufen), Beispiel Erdbeerjoghurt*

| Run | Faktor X1 = Frucht | Faktor X2 = Aroma | Response Y = Akzeptanz an 9-Punkte-Skala |
|---|---|---|---|
| 1 | + | - | |
| 2 | + | + | |
| 3 | - | + | |
| 4 | - | - | |

Werden die vier Prototypen einer *deskriptiven Analyse* durch ein trainiertes *Panel* unterzogen und deren Intensität in 30 Attributen bewertet, so können auch sämtliche Attributintensitäten (Mittelwerte des *Panels*) als Response-Variablen eingesetzt werden.

## 12.2.2 Fractional Factorial Designs

Die Anzahl der Versuche steigt beim *Full Factorial Design* mit zunehmender Anzahl an Faktoren drastisch an. Aus diesem Grund werden bei einer größeren Anzahl an Faktoren so genannte *Fractional Factorial Designs* durchgeführt. *Fractional Factorial Designs* sind Versuchspläne, bei denen nicht alle möglichen Kombinationen an Faktorstufen berücksichtigt werden. Dadurch können zwar nach wie vor die Haupteffekte der einzelnen Faktoren ermittelt werden (welche Inhaltsstoffe oder technischen Parameter haben den größten Einfluss auf Y), jedoch können keine Wechselwirkungen zwischen den Faktoren geschätzt werden.

*Fractional Factorial Designs* werden meist zur Identifikation der wichtigsten Faktoren eingesetzt. Sie werden daher auch als Screening Designs bezeichnet.

## 12.2.3 Response Surface Design

Mittels *Response Surface Design* wird die best mögliche Kombination aus wenigen Faktoren identifiziert. Diese **Optimierung** erfolgt meist nach dem Screening der wichtigsten Faktoren für die Akzeptanz der Produkte.

Beispiele für *Response Surface*-Optimierungsdesigns sind das Central Composite Design (Tab. 12) und das Box Behnken Design. Diese Designs sind nur für kontinuierliche Faktoren mit mindestens drei Faktorstufen pro Faktor möglich.

*Tabelle 12: Central Composite Design, Beispiel Erdbeerjoghurt*

| Run | Faktor $X_1$ = Zucker | Faktor $X_2$ = Frucht | Y = Akzeptanz |
|---|---|---|---|
| 1 | 10 | 7,5 | 6 |
| 2 | 5 | 5 | 3 |
| 3 | 10 | 10 | 3 |
| 4 | 7,5 | 7,5 | 7 |
| 5 | 10 | 5 | 6 |
| 6 | 5 | 7,5 | 6 |
| 7 | 5 | 10 | 7 |
| 8 | 7,5 | 10 | 7 |
| 9 | 7,5 | 5 | 6 |
| 10 | 7,5 | 7,5 | 8 |

Die Akzeptanzbewertung der 10 Prototypen in Tabelle 12 durch Konsumenten erlaubt nun die Optimierung. Abbildung 21 zeigt eine *Response Surface*, also eine Oberfläche, welche die Akzeptanz jeder möglichen Kombination innerhalb der getesteten Zucker- und Fruchtkonzentration darstellt. So kann aus Abbildung 22 beispielsweise abgeleitet werden, dass die Akzeptanz der Erdbeerjoghurts mit wenig Frucht und wenig Zucker, aber auch mit viel Frucht und viel Zucker deutlich niedriger ist als bei mittleren Konzentrationen beider Zutaten. Wird die mittlere Zuckerkonzentration gewählt, so ändert sich nichts an der Akzeptanz, wenn anstatt mittlerer Fruchtmenge die höhere Fruchtmenge eingesetzt wird. Es muss an dieser Stelle aber betont werden, dass das Modell nur innerhalb des getesteten Konzentrationsbereiches gilt!

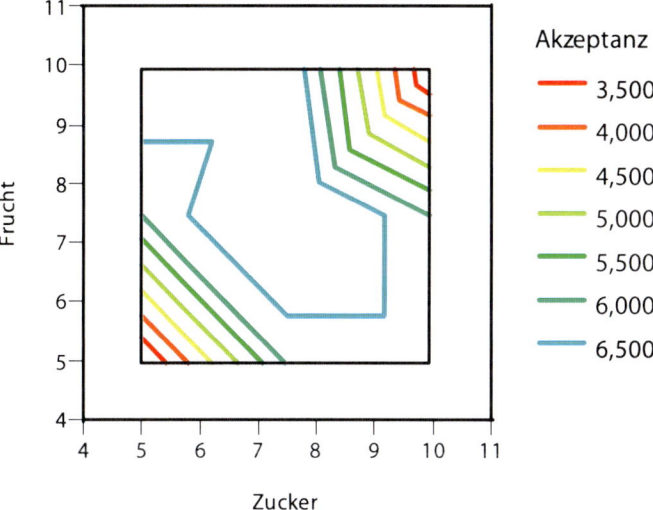

Abbildung 22: Response Surface (Akzeptanz: 9 = mag ich außerordentlich gerne, 1 = mag ich überhaupt nicht gerne)

### 12.2.4 Mixture design

Ein zweites **Optimierungsdesign** ist das *Mixture design*. Wie der Name impliziert, geht es in diesem Fall um Mischungen, die in Summe immer 100 % ergeben müssen. Wird also bei einer Fruchtsaftmischung die Zusammensetzung der einzelnen Fruchtsorten ermittelt, ist das Design ebenso anwendbar wie bei einer Kräutertee- oder Gewürzmischung aus mehreren Bestandteilen.

Mit Hilfe des *Mixture designs* werden unterschiedliche Mischungsverhältnisse ausgetestet, mit dem Ziel das Optimum zu erhalten. Die optimale Mischung wird mit einem statistischen Modell prognostiziert, das berechnete Optimum sollte auf jeden Fall praktisch bestätigt werden.

*Tabelle 13: Beispiel für ein Mixture design*

| Komponente A | Komponente B | Komponente C |
|---|---|---|
| 100 % | 0% | 0% |
| 0 % | 100% | 0% |
| 0 % | 0% | 100% |
| 50 % | 50 % | 0 % |
| 0 % | 50 % | 50 % |
| 50 % | 0 % | 50 % |
| 33,33 % | 33,33 % | 33,33 % |

Ist eine der Zutaten aus sensorischen, preislichen oder Gründen der Verfügbarkeit nur limitiert einsetzbar, kann beim Erstellen eines *Mixture designs* eine Beschränkung dieses Faktors vorgenommen werden.

## 12.3 Sensorische Evaluierung der Mindesthaltbarkeit von Produkten

Ist ein neues Produkt fertig entwickelt und sensorisch optimiert, so muss seine Mindesthaltbarkeit festgelegt werden. Qualität muss nicht nur aus mikrobiologischer Sicht einwandfrei sein, sondern auch am Ende der Mindesthaltbarkeit sensorisch entsprechen. Die deutsche Norm DIN 10968 (Sensorische Prüfung. Ermittlung und Überprüfung der Mindesthaltbarkeit von Lebensmitteln) legt „Verfahrensweisen zur Ermittlung und Überprüfung der Mindesthaltbarkeit von Lebensmitteln mittels sensorischer Prüfverfahren" fest.

Proben, die zur Ermittlung der Mindesthaltbarkeit herangezogen werden, müssen repräsentativ für das jeweilige Produkt sein und sollen auch in der vorgesehenen Verpackung vorliegen. Die Proben (Prüfmuster) sollen so aufbewahrt werden, dass es den realen Bedingungen (Distributionsweg, Licht, Temperatur, Luftfeuchte und anderen möglichen Einflussfaktoren) entspricht.

Beschleunigte Aufbewahrungsbedingungen können eingesetzt werden. Sie fördern charakteristische Veränderungen des Produktes in kürzerer Zeit. Beschleunigte Aufbewahrungsbedingungen müssen an das Produkt angepasst sein. Um abzuschätzen, wie stark sich der Prüfzeitraum verkürzen lässt, kann die van't Hoff Regel angewendet werden: Ihr zufolge steigt die Geschwindigkeit einer chemischen Reaktion bei der Temperaturerhöhung um 10 °C ca. um den Faktor 2. Ein Beispiel: Besteht bei 20 °C Aufbewahrungstemperatur eine Mindesthaltbarkeit von 20 Monaten, so reduziert sie sich bei 30 °C auf 20/2 = 10 Monate. Durch die Erhöhung der Lagertemperatur kann näherungsweise geschätzt werden, wie sich ein Produkt unter normalen Bedingungen verhält. Es ist aber zu berücksichtigen, dass viele Produkte bei höheren Temperaturen nachteilige Veränderungen, die im Normalfall nicht auftreten würden, zur Folge haben.

Um Beurteilungszeiträume und Prüfintervalle festlegen zu können, muss die zu erwartende Mindesthaltbarkeit vorerst abgeschätzt werden. Details sind in DIN 10968 (2003) angeführt. Der Beurteilungszeitraum soll länger als die zu erwartende Mindesthaltbarkeit sein. Die Intervalle (Abstände, in denen eine Bewertung erfolgt) sind festzulegen, wobei berücksichtigt werden muss, ob sich ein Produkt eher am Anfang oder am Ende des Aufbewahrungszeitraums verändert.

Die Prüfmuster werden mit einer Referenz verglichen. Diese Referenz kann ein bisheriger Standard, ein für jedes Prüfintervall frisch produziertes repräsentatives Produktmuster, ein Referenzmuster, das unter Bedingungen gelagert ist, welche Veränderungen am Produkt minimieren, Daten von vorangegangenen sensorischen Prüfungen (*deskriptive Prüfungen*) oder Daten aus Konsumentenbefragungen sein.

Als geeignete sensorische Prüfmethoden schlägt die genannte DIN-Norm sowohl analytische (*Unterschiedsprüfungen, deskriptive Prüfungen*) als auch *hedonische Prüfungen* vor. Auch eine Kombination der Prüfmethoden kann sinnvoll sein.

# 13    Sensorik in der Qualitätskontrolle

Selbst fertig entwickelte, sensorisch optimierte und am Markt eingeführte Produkte bedürfen weiterer sensorischer Untersuchungen im Rahmen der Qualitätskontrolle. Qualitätssicherung beinhaltet dabei nicht nur die Kontrolle des Endproduktes, sondern umfasst alle Punkte des Wertschöpfungsprozesses, mit der Zielsetzung, dem Konsumenten kontinuierlich eine definierte Qualität bieten zu können. Die sensorische Qualität von Produkten wird in der Praxis häufig durch Einzelpersonen beurteilt, wodurch sie personenabhängig wird. Will man reproduzierbare Qualität bieten, müssen objektiv messbare Qualitätskriterien etabliert werden (Warendorf 2002, V.3.1:1f). Die Testpersonen müssen analytische Qualitätsurteile fällen und *nicht* ihre *hedonischen* Urteile.

Im Bereich der sensorischen Qualitätskontrolle gibt es nach Munoz (2002: 329) noch sehr viele Verbesserungsmöglichkeiten. Diese beinhalten die Steigerung des Bewusstseins, wie wichtig sensorische Qualitätsprogramme sind, und deren nötige Unterstützung innerhalb des Unternehmens, größere Involvierung von sensorischen Wissenschaftlern, neue und verbesserte Trainingsprogramme, verbesserte sensorische Spezifikationen, neue oder verbesserte sensorische Prüfmethoden und vieles mehr. Multivariate Datenanalyse soll univariate ersetzen. Wichtig ist die Zusammenarbeit von Forschungs- und Entwicklungsabteilungen und Qualitätsabteilungen in der Produktion. Das ultimative Ziel ist ein effizienterer Ansatz, um konsistente Qualitätsprodukte zu erzeugen. Dieses Ziel soll unabhängig von der Unternehmensgröße entsprechende Priorität erlangen.

Laut DLG-Trendmonitor Lebensmittelsensorik 2011 ist die Qualitätssicherung das Haupteinsatzgebiet der Sensorik in Deutschlands Lebensmittelunternehmen. 84,1% der Befragten gaben an, sensorische Methoden in der Qualitätssicherung und Produktion einzusetzen. Im Vergleich dazu wird sensorische

Marktforschung nur von 27,1% angewandt. Ein ähnliches Muster kann für Österreich und die Schweiz angenommen werden.

## 13.1 Schritte in der sensorischen Qualitätskontrolle

Im ersten Schritt werden sensorische Spezifikationen/Standards etabliert (wie das Produkt aussehen, riechen, schmecken, welche Textur es haben muss). Das erfordert gute Kenntnisse bezüglich sämtlicher Produktattribute, Rohmaterialien, der Produkteigenschaften, die während des Herstellungsprozesses variieren, des Zusammenhangs von Produktvariabilität und Akzeptanz durch Konsumenten sowie die Identifikation tolerierbarer Produktvariabilität (Munoz, Civille, Carr 1992: 9). Umfangreiche Literaturrecherchen, abteilungsübergreifende Verkostungen des Sortiments, Expertengespräche sowie Konsumententests helfen bei der Identifikation der Qualitätskriterien für die Spezifikation. Wertgebende sensorische Eigenschaften (Sortentypizität, „drivers of liking"-Attribute für Konsumenten) als auch wertmindernde sensorische Eigenschaften (sensorische Fehler) sind relevant.

Bei der Qualitätskontrolle eines Produktes wird dann festgestellt, ob das Produkt der Spezifikation entspricht. Abhängig von Produkt und Variation werden Zeitintervalle für die sensorische Beurteilung festgelegt. In diesen Zeitintervallen erfolgt das „Monitoring" von jenen sensorischen Attributen, die für die Akzeptanz der Konsumenten ausschlaggebend sind.

Während bei Chargenproduktionen jede Charge überprüft werden muss, werden bei kontinuierlicher Herstellung in bestimmten Zeitabständen oder nach bestimmten Produktionsmengen Proben gezogen (Warendorf 2002, V.3.1: 3).

## 13.2 Humansensorische Methoden

Man unterscheidet Methoden, die einen Vergleich zu einem Standard (in Form eines Standard-Produktes, mentalen Standard oder geschriebenen Standard) beinhalten, und solche, wo kein Vergleich durchgeführt wird. Grundsätzlich sollen alle Methoden Schnellmethoden darstellen, da im Rahmen der Qualitätskontrolle meist sehr viele Proben in wenig Zeit zu beurteilen und für den Verkauf freizugeben oder zu sperren sind.

Die Vorteile sensorischer Methoden sind offensichtlich: Es erfolgt eine direkte Messung der empfundenen Produktattribute, die „integriert" ist, das heißt, auch die gegenseitige Beeinflussung der Sinnesmodalitäten inkludiert. Nachteile gegenüber instrumentellen Analysen sind unter anderem der Zeit- und Kostenaufwand, mögliche Einflüsse emotionaler oder umweltbedingter Faktoren auf die Beurteilung einer Testperson, sowie das Problem der unvollständigen Anwesenheit der Testpersonen (Krankheit, Urlaub, ...) (Munoz, Civille, Carr 1992: 16).

### 13.2.1 Vergleich mit einem Standardprodukt

Ein Produktionsstandard wird als sensorische Referenz bestimmt und Abweichungen neu produzierter Produkte/Chargen vom Standard werden ermittelt. Der Produktionsstandard ist entweder ein unter optimalen Bedingungen hergestelltes Produkt, ein typisches „durchschnittliches" Produkt, ein von Konsumenten bevorzugtes Produkt oder ein Produkt-Prototyp aus der Pilotanlage (Warendorf 2002, V.3.1: 2).

Nun stehen verschiedene Möglichkeiten zur Auswahl:

Mit dem *„Degree of difference test"* = *„Difference from control test"* wird festgestellt, ob sich das zu prüfende Produkt vom Standardprodukt unterscheidet und in welchem Ausmaß (American Society of Brewing Chemists 1999). Die Beurteilung kann anhand einer Punkteskala oder einer *unstrukturierten Linienskala* erfolgen und bezieht sich meist auf den Gesamtunterschied.

Vorteile dieser Methode sind deren Einfachheit und Schnelligkeit, zu einem Ergebnis zu kommen (Munoz, Civille, Carr 1992: 168). Der Nachteil liegt darin, dass man keine Information über die Art der Abweichung erhält.

*Beispiel: Erdbeerjoghurt*

> Sie erhalten 2 Proben: 1 Kontrollprobe und 1 Testprobe mit dreistelligem Code. Bitte testen Sie zuerst die Kontrollprobe und anschließend die Testprobe und beurteilen Sie das Ausmaß des Unterschiedes zur Kontrollprobe anhand folgender Skala:
>
> |--------------------------------------------------------------------------|
>
> Kein Unterschied                                     Extremer Unterschied

Aus den Bewertungen mehrerer Tester wird ein Mittelwert ermittelt. Ab welchem Wert ein Produkt zu stark abweicht, ist eine Management-Entscheidung. Sinnvoll ist es, diese Grenze mit Konsumenten abzusichern (Abbildung 23):

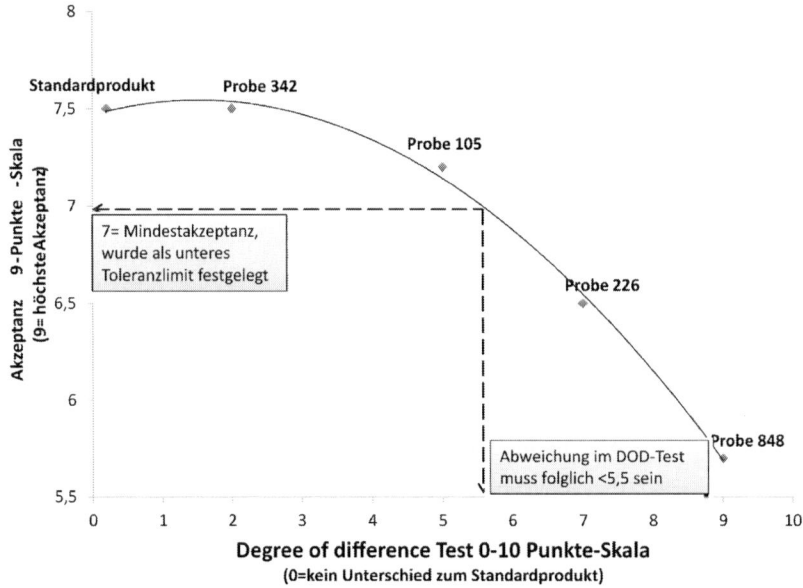

Abbildung 23: Degree of difference test (Abweichung im DOD-Test versus Konsumentenakzeptanz. Eigene Grafik, modifiziert nach Michon und McDonnell 2008)

In der Realität ist mit geringen tolerablen Abweichungen als in Abbildung 22 zu rechnen.

Bei Produkten, die in mehreren Ländern vertreiben werden, können unterschiedlich hohe Toleranzen in den einzelnen Ländern vorliegen (Michon und McDonnell 2008).

Weiters können Unterschiede relevanter Attribute bewertet werden. Aus sämtlichen Abweichungen existierender Produkte werden dafür jene Attribute ausgewählt, die direkt mit der Verbraucherakzeptanz zusammen hängen, stark von Produktion zu Produktion schwanken oder Off-Flavour erzeugen (Warendorf 2002, V.3.1: 2).

*Beispiel: Erdbeerjoghurt*

Bitte beurteilen Sie das Ausmaß des Unterschiedes des Produktes zur Kontrollprobe in jedem Attribut anhand folgender Skala:

Süß  |----------------------------------------------------------------------|

   Kein Unterschied                                   Extremer Unterschied

Fruchtig |--------------------------------------------------------------------|

   Kein Unterschied                                   Extremer Unterschied

Für Produkte mit besonders hoher Variabilität kann die Auswahl eines Standardprodukts schwierig sein, und der Vergleich zu einem einzigen Standard die Ergebnisse des DOD verzerren. Pecore et al. (2006) empfehlen in diesem Fall den Einsatz von zwei Standardproben. Diese Variante wird als DOD-CV (Degree of difference test-control lot variation) bezeichnet. Ein zweiter Standard erhöht allerdings auch die Anzahl der notwendigen Vergleiche. Bei drei Testprodukten müssen hier statt drei Probenpaaren (jedes Testprodukt gegen einen Standard) sechs Vergleiche (jedes Testprodukt gegen zwei Standards) durchgeführt werden.

Pecore und Kellen (2002) beschrieben ein konsumentenbezogenes Programm, bei dem so genannte „Key consumer requirements" aus sensorischen und instrumentellen Parametern ermittelt werden. Produkte werden in 2–5 Attributen in Relation zum Standard beurteilt, wobei der „Golden Standard" in sämtlichen Attributen als 5 auf einer 9-Punkte-Skala fixiert wird (Abb. 24).

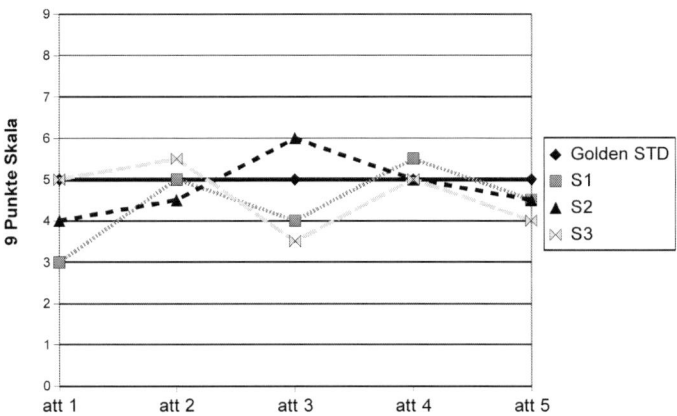

Abbildung 24: Key consumer requirements

### 13.2.2 Vergleich mit einem mentalen Standard

Anstelle eines Produktstandards müssen Testpersonen hier einen Standard im Gehirn abspeichern, das heißt, sie werden hinsichtlich der Kriterien und Produktattribute, die den mentalen Standard ausmachen, trainiert (Costell 2002: 343).

Die *In/Out Methode* (= Innerhalb/Außerhalb Prüfung) ist eine Schnellmethode, bei der trainierte Prüfpersonen beurteilen, ob eine Probe innerhalb („in") oder außerhalb („out") einer definierten Qualität (Spezifikation) liegt. Diese Methode wird vor allem zur schnellen Identifikation von Defekten eingesetzt und zur Evaluierung von Rohmaterial sowie einfachen Endprodukten herangezogen. Die Vorteile der Methode liegen in ihrer Einfachheit, der kurzen Trainings- und Testzeit und der unmittelbaren Verwendungsmöglichkeit der Ergebnisse

(Munoz, Civille, Carr 1992: 140). Der Nachteil liegt darin, dass man keine Information über die Art der Abweichung erhält.

Testpersonen geben individuelle Urteile ab, und die Ergebnisse werden statistisch ausgewertet. Nach Warendorf (2002, V.3.2: 5) soll die Probenanzahl 20 nicht überschreiten.

Der In/Out Test liegt in drei Varianten vor:

(1) Kategorischer *In/Out Test*
Einfache In/Out-Beurteilung. Bei „Out"-Entscheidungen erfolgt eine kurze Begründung. Die „In"-Beurteilungen sämtlicher Testpersonen werden in % ausgedrückt und mit der zuvor festgelegten Mindestanforderung verglichen. Die Mindestanforderung könnte beispielsweise lauten, dass das Produkt bei In-Urteilen von >70 % der Testpersonen zum Verkauf freigegeben wird (Warendorf 2002, V.3.2: 6).

*Beispiel: Erdbeerjoghurt*

| | | | |
|---|---|---|---|
| Bitte beurteilen Sie die vorgelegten Proben Erdbeerjoghurt und kreuzen Sie an, ob diese innerhalb („in") oder außerhalb („out") der sensorischen Spezifikation liegen: | | | |
| Proben Code | IN | OUT | Kommentare |
| _____ | ◯ | ◯ | _____ |
| _____ | ◯ | ◯ | _____ |
| _____ | ◯ | ◯ | _____ |
| _____ | ◯ | ◯ | _____ |
| _____ | ◯ | ◯ | _____ |

(2) Skalierter *In/Out Test*
Abgestufte In/Out Beurteilung. Anstatt einer strikten In/Out Beurteilung gibt es vier Stufen: „well in", „just in", „just out", „well out". Dadurch können even-

tuell aufkommende Qualitätsprobleme frühzeitig erkannt werden. „Well in" entspricht der sensorischen Spezifikation, „just in" bewegt sich zwar noch innerhalb der Spezifikation, es treten jedoch schon kleine Abweichungen auf, die sich möglicherweise verstärken könnten – Korrekturmaßnahmen in der Produktion sind daher empfehlenswert. „Just out" liegt knapp außerhalb der Spezifikation. Das Produkt muss gesperrt werden, kann aber wieder in die Produktion eingearbeitet werden oder durch eine Managemententscheidung nach nochmaliger Überprüfung frei gegeben werden. Bei „well out" liegen Defekte oder größere Abweichungen vor. Produktionsprobleme müssen gelöst werden. Die Produkte sind nicht mehr verwendbar.

Die Auswertung erfolgt ebenso in Prozent und wird mit den zuvor festgelegten Entscheidungskriterien verglichen:

Beispiel 1:     alle „in", davon 50 % „well in": Produkt wird frei gegeben.

Beispiel 2:     mind. 70 % „in", Rest „just out", kein „well out": Freigabe, aber Benachrichtigung der Produktionsabteilung (Warendorf 2002, V.3.2: 7)

*(3)* Deskriptiver *In/Out Test*
mit abgestufter In/Out-Beurteilung und Kurzprofil. Diese Variante eignet sich vor allem dann gut, wenn Qualitätsprobleme zu erwarten sind und genauer evaluiert werden sollen (Warendorf 2002, V.3.2: 4).

### 13.2.3   Vergleich mit einem schriftlichen Standard

Die „Quality Index Method" (QIM) wird zur Evaluierung von verschiedenen Fischen in rohem Zustand herangezogen. Es werden null bis drei Punkte für verschiedene Parameter (Aussehen, Augen, Kiemen) vergeben. Sämtliche Punkte werden addiert. Je niedriger die Gesamtpunktezahl, desto frischer ist der Fisch. Bei Kaltwassergarnelen sind 0–11 Punkte möglich, bei Hering 0–20 Punkte, bei Scholle und Farmlachs 0–24 Punkte, bei Seezunge und Steinbutt maximal 28 Punkte. Der rohe Fisch wird nicht gekostet (QIM Eurofish 2001). Um natürliche Schwankungen zu berücksichtigen, werden bei der QIM-Methode immer mindestens drei Fische pro Charge bewertet. Die Beurteilung kann zu jedem beliebigen Zeitpunkt erfolgen: beim Eintreffen in der Fischfabrik, im Lager sowie beim Verkauf. Für die einzelnen Fische stehen Fotos zur Verfügung, welche die jeweils zu bewertenden Parameter in verschiedenen Stadien zeigen, etwa Augen und Kiemen bei Kabeljau nach einem, sieben und 15 Tagen. Es gibt auch eine Anleitung zur Ausbildung von Prüfern. Für die Bewertung von gegartem Fisch werden die Filets im Ofen ohne Zusätze gegart. Es werden maximal vier Fisch-Proben pro Sitzung verkostet, zur Gaumenneutralisation werden Wasser, ungesalzene Cracker, Apfel- und Gurkenstücke empfohlen. Die sensorische Prüfung bei gegarten Fischen erfolgt in entsprechenden Sensorikräumen bzw. Labors, während jene von rohem Fisch bei der Eingangskontrolle oder bei Auktionen stattfinden und daher in unterschiedlichen Räumen geschehen (QIM Eurofish 2001).

### 13.2.4 Ohne Standard

*Deskriptive Prüfungen* mit trainiertem *Panel* haben den Vorteil, sehr viel Information zu bieten. Produkte werden in verschiedenen Attributen in der Intensität beurteilt. Eine genaue Beschreibung *deskriptiver Methoden* ist in Kapitel 9 zu finden. Die Intensität der Attribute (*Panel*-Durchschnitt) wird mit der Spezifikation verglichen. Die Spezifikation beinhaltet für jedes Attribut einen Minimum- und Maximumwert (Lower control limit = LCL und Upper control limit = UCL), das Produkt muss sich innerhalb dieser Spannweite befinden. Fällt ein Produkt in einem Attribut außerhalb dieser Spannweite, wird es als nicht akzeptabel eingestuft.

Die Nachteile *deskriptiver Prüfungen* liegen vor allem im hohen Zeit- und Kostenaufwand, sowohl für das *Panel*-Training als auch die regelmäßige Testdurchführung und Datenauswertung. Wichtig ist, dass die Attribute nicht nur gesondert (univariat), sondern auch im gemeinsamen Kontext (multivariat) ausgewertet werden. Ein Produkt kann bei der Betrachtung einzelner Attribute jeweils nur geringfügige Abweichungen pro Attribut aufweisen und somit bei univariater Analyse als unproblematisch erscheinen. Durch das Zusammenwirken sämtlicher Attribute zu einem sensorischen Gesamteindruck kann das Produkt allerdings trotzdem untypisch erscheinen, was durch multivariate Datenanalyse erfasst werden kann.

Deskriptive Analysen können auch punktuell in der Qualitätskontrolle eingesetzt werden, etwa um sensorische Schwankungsbreiten zwischen mehreren

Produktionen zu eruieren und zu quantifizieren. Abbildung 25 zeigt zum Beispiel, dass das fiktive Joghurt in der Anzahl der enthaltenen Fruchtstücke variiert, in der Süße oder im Waldbeergeschmack hingegen kaum.

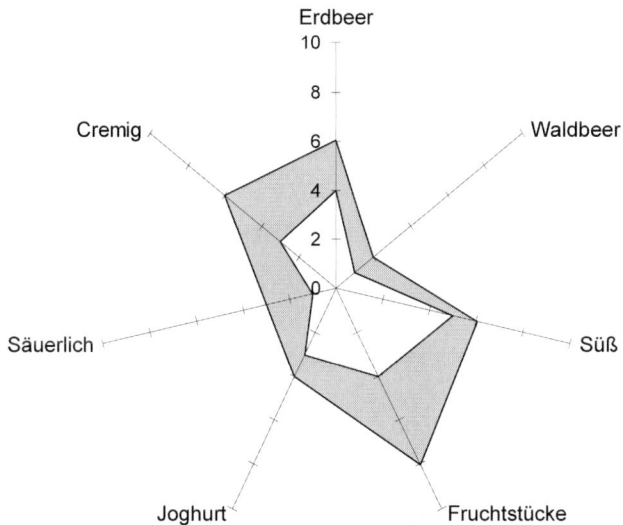

Abbildung 25: Produktionsvariation

### 13.2.5  Ungeeignete Methoden

Ungeeignet für routinemäßige Qualitätsprüfungen sind *Akzeptanz- und Präferenztests* sowie *Unterschiedsprüfungen*, da letztere zu sensibel für kleine Unterschiede sind (Munoz, Civille, Carr 1992: 31).

## 13.3  Training auf sensorische Produktfehler

Bei der üblichen Produktion ist eine gewisse Variation in einzelnen Attributen meist unvermeidbar. Die maximale Bandbreite soll auch im Trainingsprozess eingesetzt werden. Dazu können jedoch richtige Produktfehler kommen. Auch wenn mittels humansensorischer Methoden mit Produktstandard oder mentalem Standard deutlich abweichende und damit auch fehlerhafte Produkte identifiziert werden, macht es dennoch Sinn, gezielt auf potenzielle Produktfehler zu schulen. Fehler können in Handmustern gezielt für sensorische Schulungen hergestellt werden. Costello und Clark (2009) geben Anleitungen, wie off-flavours in verschiedenen Milchprodukten hergestellt werden können. Ein metallischer Eindruck in Milch kann beispielsweise durch Einlegen einer Kupfermünze über Nacht oder durch Zusatz von 1–2 Tropfen einer 1 %-igen Kupfersulfatlösung zu 600 ml Milch erreicht werden, letzteres muss 8 Stunden im Kühlschrank stehen, bis sich der metallische Eindruck entwickelt hat.

## 13.4   SACCP Sensory Analysis and Critical Control Points

SACCP ist eine Abwandlung des HACCP-Konzeptes für die sensorische Qualitätskontrolle. Das Konzept wurde entwickelt, um all jene Produktions- und Verarbeitungsschritte zu identifizieren und kontrollieren, welche die sensorische Qualität maßgeblich beeinflussen, und somit dem Konsumenten die erwartete Qualität garantieren zu können (de Kock 2008). Die Durchführung eines SACCP-Programmes erfolgt in sieben Schritten, die an die sieben Grundsätze des HACCP-Konzeptes angelehnt sind:

1. Durchführung einer sensorischen Fehleranalyse
2. Identifikation der kritischen Kontrollpunkte
3. Festlegen von Grenzwerten
4. Implementierung eines Monitoring-Programmes
5. Festlegung von Korrekturmaßnahmen
6. Festlegung der Kontrollprozesse
7. Festlegung der Dokumentation

## 13.5   Instrumentelle Analysen

Die Farbe von Produkten kann nicht nur humansensorisch, sondern auch instrumentell gemessen werden. In der Qualitätskontrolle kann die Farbkonstanz instrumentell erfasst werden. Letztlich können *elektronische Nasen* und *Zungen* bei manchen Produkten anstelle von humansensorischen Methoden Anwendung in der Qualitätskontrolle finden. So können die richtige Röstdauer von Toastbrot, Käsereifung, richtig dosierte Räucherung durch Analyse der Abluft von Räucherkammern, die Haltbarkeit von Erdnüssen, gleichmäßige Kaffeeröstung oder der Garzustand von Steaks in der Großküche mit *elektronischen Nasen* kontrolliert werden (Lemme 2002: 42–48).

## 13.6 Ausblick

In der Praxis können Methoden leicht abgewandelt und/oder miteinander kombiniert werden. Der *Degree of difference test* kann nicht nur nach dem Gesamtausmaß des Unterschiedes oder attributbezogen nach Unterschied fragen, sondern – in abgewandelter Form – auch nach dem Unterschied pro Sinnesmodalität, also Ausmaß des Unterschiedes separat nach Aussehen, Geruch, Geschmack, Textur und allenfalls Geräuschen. Die Frage nach etwaigen konkreten Produktfehlern kann als Zusatzfrage mit anderen Methoden kombiniert werden. Auch instrumentelle und sensorische Methoden können kombiniert werden. Die sinnvollste Lösung muss für jeden Betrieb individuell durchgedacht werden.

# 14 Statistische Grundlagen zur Auswertung sensorischer Tests

Sensorische Methoden (*Unterschiedsprüfung, Rangordnungstests, deskriptive Analysen, Akzeptanztests*) werden eingesetzt, um sensorische „Eindrücke" von Produkten zu messen. Diese Eindrücke unterliegen gewissen Schwankungen: Bei analytischen Methoden geben auch trainierte Testpersonen im Allgemeinen nicht exakt dieselbe Antwort, das Ergebnis ist immer mit einer gewissen Unsicherheit (Variation) behaftet.

Bei *hedonischen Prüfungen* mit Konsumenten führt nur ein Teil der *Population* (*Stichprobe*) die Messungen durch. Auf Basis der Ergebnisse dieser Messungen werden Rückschlüsse auf bestimmte Personengruppen (*Populationen*) gezogen. Diese Variationen zu quantifizieren, z. B. um festzustellen, ob ein gemessener Unterschied größer oder kleiner als die Variation der Messung ist, ist Gegenstand der statistischen Analyse.

Im Folgenden werden das Konzept des Hypothesentests und die Anwendung für quantitative sensorische Methoden beschrieben. Weiters werden verschiedene deskriptive statistische Verfahren zur Darstellung sensorischer Daten beschrieben. Zur Berechnung werden Befehle in MS Excel beziehungsweise OpenOffice.org und dem frei zugänglichen Statistikpaket R (R Development Core Team 2009) vorgestellt. Auf einführende Literatur in das Statistikpaket R wird auf der Webseite www.r-project.org verwiesen.

## 14.1 Hypothesentest

Im Rahmen der sensorischen Analyse werden in den meisten Fällen zwei oder mehrere Proben entsprechend einer bestimmten Versuchanordnung beurteilt. Entweder werden Produkte relativ zueinander verglichen (welches ist unterschiedlich oder am stärksten in einem Attribut), anhand einer Eigenschaft gereiht oder deren Intensitäten/Akzeptanzen auf einer Skala gemessen. Es muss nun entschieden werden, ob der beobachtete Unterschied zwischen den Produkten aufgrund der Ungenauigkeit der Messung entstanden ist oder tatsächlich ein „signifikanter" Unterschied besteht.

Vor der Untersuchung wird in der Regel angenommen, dass kein Unterschied besteht (*Nullhypothese*). Es wird nun untersucht, ob die beobachteten Werte dieser Annahme so stark widersprechen, dass die *Nullhypothese* verworfen werden kann. Natürlich möchte man die *Nullhypothese* nicht fälschlicherweise ablehnen, deshalb verwirft man sie nur dann, wenn die Wahrscheinlichkeit für das Zustandekommen des beobachteten Ergebnisses unter der Annahme, dass kein Unterschied besteht, kleiner als ein bestimmter kritischer Wert (z. B. 5 %) ist. Diesen Wert nennt man $\alpha$-*Fehler*, Signifikanzniveau oder Irrtumswahrscheinlichkeit des Tests und er muss vor der statistischen Analyse festgelegt werden. Die Wahrscheinlichkeit, dass eine falsche *Nullhypothese* nicht abgelehnt wird, wird als $\beta$-*Fehler* bezeichnet.

Zur Berechnung der Wahrscheinlichkeit für das Zustandekommen des jeweiligen beobachteten Ergebnisses unter der *Nullhypothese* wird abhängig von der Methode, der Anzahl der Personen und der Proben ein standardisierter Wert mit bekannter Verteilung (*Teststatistik*) berechnet. Anschließend kann mit Hilfe der entsprechenden Verteilungstabelle die Wahrscheinlichkeit (*p-Wert*) bestimmt werden. Ist der *p-Wert* kleiner als der festgelegte $\alpha$-*Fehler* (üblicherweise 5 %), wird die *Nullhypothese* abgelehnt und der beobachtete Unterschied wird als *signifikant* zum Niveau $\alpha$ bezeichnet.

Es ist wichtig darauf hinzuweisen, dass ein *p-Wert* größer als 5 % nicht bedeutet, dass die *Nullhypothese* richtig ist, dies ist abhängig vom $\beta$-*Fehler*.

## 14.2 Statistische Auswertung von Unterschiedsprüfungen

Bei dem in Kapitel 6.4 beschriebenen *Triangeltest* werden 3 Proben (2 gleiche und eine unterschiedliche) gereiht. Jede Prüfperson muss jene Probe auswählen, die sich von den beiden anderen unterscheidet. Erkennt eine Person keinen Unterschied, wird sie zufällig eine der drei Proben wählen und mit einer Wahrscheinlichkeit von 1/3 (*Ratewahrscheinlichkeit*) die tatsächlich abweichende nehmen.

Um eine Aussage zu treffen, ob ein Unterschied zwischen den Proben besteht, wird im ersten Schritt der Anteil der richtig erkannten Proben geschätzt: $\hat{p}$ = (Anzahl der tatsächlich richtig erkannten Proben)/(Anzahl der Prüfpersonen n). Wir testen nun die *Nullhypothese*, dass der wahre Anteilswert p kleiner oder gleich 1/3 ist. Kann die *Nullhypothese* mit einer zuvor festgelegten Irrtumswahrscheinlichkeit (*α-Fehler*) abgelehnt werden, schließen wir daraus, dass ein Unterschied zwischen den Proben besteht.

Um die Wahrscheinlichkeit des vorliegenden Ergebnisses $\hat{p}$ unter der *Nullhypothese* zu berechnen, verwendet man die *Binomialverteilung*. Am folgenden Beispiel wird die Berechnung mit Hilfe von MS Excel oder OpenOffice.org gezeigt. Dabei wird eine beliebige Zelle angeklickt und der jeweilige Befehl eingegeben. Durch Drücken der Entertaste erfolgt die Berechnung.

Es soll herausgefunden werden, ob ein Unterschied zwischen einem Joghurt, das vor 1 Woche oder vor 3 Wochen abgefüllt wurde, erkannt wird. Es wird ein *α-Fehler* von 5 % festgelegt. 32 Testpersonen (n = 32) werden jeweils 3 Proben vorgelegt. 15 Testpersonen (k = 15) erkennen die unterschiedliche Probe. Allgemein lässt sich für *Unterschiedsprüfungen* mit einer *Ratewahrscheinlichkeit* p der *p-Wert* mit dem Befehl =1-BINOMVERT(k-1;n;p;1) berechnen. In unserem Beispiel berechnen wir den *p-Wert* mit =1-BINOMVERT(14;32;1/3;1). Die Wahrscheinlichkeit beträgt 0,078, ist größer als 0,05 (= 5 %) und somit lehnen wir die *Nullhypothese* nicht ab. Die beiden Joghurts unterscheiden sich nicht signifikant voneinander.

Für den *Duo-Trio-Test* wird der *p-Wert* mit dem Befehl: =1-BINOMVERT (k-1;n;1/2;1) berechnet, für den *2 aus 5 Test* mit dem Befehl: =1-BINOMVERT (k-1;n;1/10;1), wenn k von n Personen beide Proben richtig erkennen.

## 14.3  Auswertung von Rangordnungsprüfungen

Bei *Rangordnungsprüfungen* (Kapitel 7) werden jeder der n Prüfpersonen k Proben mit der Aufgabe vorgelegt, sie entsprechend einer vorgegebenen Eigenschaft (z. B. süß) zu sortieren. Bei fünf Proben sollen die Ränge 1, 2, 3, 4 und 5 vergeben werden. Können zwei Proben von der Prüfperson nicht unterschieden werden, können die entsprechenden Ränge geteilt werden (z. B. 1, 2, 3.5, 3.5, 5).

Tabelle 14 zeigt ein Beispiel mit n = 6 Prüfpersonen und k = 5 Erdbeerjoghurt-Proben. Zur Auswertung werden alle n Ränge, die für die Probe 661 vergeben wurden, aufsummiert (= Rangsumme $R_i$). Entsprechend wird für die restlichen Proben vorgegangen, sodass wir schließlich fünf Rangsummen erhalten. Den mittleren Rang jeder Probe erhält man mittels Division der Rangsumme durch die Anzahl der Prüfpersonen.

*Tabelle 14: Rangordnungsprüfung mit Erdbeerjoghurts*

| Probe: | 661 | 501 | 789 | 610 | 329 |
|---|---|---|---|---|---|
| Prüfperson 1 | 2 | 1 | 3 | 5 | 4 |
| Prüfperson 2 | 1 | 2 | 3 | 4 | 5 |
| Prüfperson 3 | 1 | 3 | 4 | 2 | 5 |
| Prüfperson 4 | 2 | 3 | 1 | 4 | 5 |
| Prüfperson 5 | 3 | 1 | 2 | 5 | 4 |
| Prüfperson 6 | 1 | 2 | 3 | 4 | 5 |
| Rangsumme $R_i$ | 10 | 12 | 16 | 24 | 28 |

R = Summe der k quadrierten Rangsummen $\sum_{i=1}^{k} R_i^2 = 10^2+12^2+16^2+24^2+28^2 = 1860$

Wie bereits bei den *Unterschiedsprüfungen* diskutiert, stellt sich nun die Frage, ob sich die mittleren Ränge der Proben signifikant (mit einem gegebenen $\alpha$-Fehler) voneinander unterscheiden. Wir behandeln im Folgenden zwei Hypothesen:
1. Werden alle Proben als gleich in der vorgegebenen Eigenschaft (hier süß) beurteilt?
2. Besteht ein Unterschied zwischen 2 ausgewählten Proben?

Zur Überprüfung der ersten Hypothese wird der Friedmann-Test herangezogen (Busch-Stockfisch 2002 II.5: 8–9). Die *Teststatistik* berechnet sich folgendermaßen: T = 12/(n·k·(k+1))·R − 3n·(k+1)
In unserem Beispiel lautet die *Teststatistik*: T = 12/(6·5·(5+1))·1860-3·6·(5+1) = 16.
Die Wahrscheinlichkeit für ein Zustandekommen der *Teststatistik* unter der *Nullhypothese* berechnet sich mit Hilfe der $\chi^2$- Verteilung mit k-1 Freiheitsgra-

den. Der entsprechende Befehl in MS Excel beziehungsweise OpenOffice.org lautet: =CHIVERT(T;k-1). In unserem Beispiel ist =CHIVERT(16;4)=0.003. Ist der berechnete Wert kleiner als $\alpha$ (üblicherweise mit 0.05 festgelegt), wird die Hypothese 1 verworfen. Es besteht also ein signifikanter Unterschied zwischen den fünf Erdbeerjoghurts.

Aus diesem Ergebnis kann jedoch noch nicht abgeleitet werden, dass sich zwei ausgewählte Proben voneinander unterscheiden. Zur Überprüfung dieser zweiten Hypothese wird die Differenz der Rangsummen zweier Proben gebildet, z. B. Probe 789 vs. 610 in Tabelle 9: 24−16=8. Ist diese Differenz größer als $1{,}96 \cdot \sqrt{n \cdot k \cdot (k+1)/6}$ unterscheiden sich die beiden Proben signifikant zum 5 %-Niveau voneinander (Busch-Stockfisch 2002.II.5: 10). Im Beispiel müsste eine Rangsummendifferenz von mindestens $1{,}96 \cdot \sqrt{6 \cdot 5 \cdot (5+1)/6}$ vorliegen. Dies ist für den Vergleich der Proben 661 mit 610 und 789 mit 329, jedoch nicht für 661 mit 789 der Fall.

## 14.4 Auswertung von Ähnlichkeitsmessungen – Multidimensionale Skalierung (MDS)

Werden alle Produktpaare von jeder Testperson nach ihrer **Ähnlichkeit** beurteilt (z. B. anhand einer **Skala** von 1 bis 5), werden im ersten Schritt aus den Bewertungen aller Testpersonen durchschnittliche Ähnlichkeiten für jedes Probenpaar gebildet. Anschließend werden aus den Ähnlichkeiten (s) Distanzen (d) berechnet, indem der durchschnittliche Ähnlichkeitswert von der – entsprechend der verwendeten Skala – maximalen Punkteanzahl +1 abgezogen wird (z. B.: d = 5+1−s).

Im Fall der in Kapitel 8.5 beschriebenen **Sortierungsmethode** (in Gruppen) entsprechen die Ähnlichkeiten der Anzahl der Testpersonen, die zwei Produkte in dieselbe Gruppe sortiert haben. Um daraus Distanzen zu berechnen, werden die Ähnlichkeiten von der Anzahl der Testpersonen (n)+1 abgezogen, also d = (n+1)−s.

Die Distanzen werden nun entsprechend Tabelle 15 in Matrixform angeordnet.

*Tabelle 15: Distanzmatrix*

|  | Produkt 1 | Produkt 2 | Produkt 3 | ... |
|---|---|---|---|---|
| Produkt 1 | 0 | 3 | 5 | ... |
| Produkt 2 | 3 | 0 | 7 | ... |
| Produkt 3 | 5 | 7 | 0 | ... |
| ... | ... | ... | ... | 0 |

Die Berechnung und Darstellung der *MDS* kann mit Hilfe verschiedener Statistik-Programmpakete (SPSS, R, SAS, ...) durchgeführt werden. Im Programm R dienen hierzu die Befehle cmdscale für metrische *MDS* und isoMDS (enthalten im R-Zusatzpaket MASS) für nicht-metrische *MDS*. Als Input für beide Funktionen müssen die Daten in Form der oben beschriebenen Distanzmatrix erfasst werden. Eine graphische Darstellung kann mit dem Befehl plot erstellt werden.

## 14.5 Auswertung deskriptiver Prüfungen

### 14.5.1 Varianzanalyse

Um zu überprüfen, ob Produktunterschiede für bestimmte Attribute bestehen und ob Testpersonen sich in ihrer Beurteilung unterscheiden, wird für jedes untersuchte Attribut eine *Varianzanalyse* gerechnet. Tabelle 16 enthält die erhobenen Messungen für ein bestimmtes Attribut. Jede Zeile mit der Beschriftung Person 1 enthält eine Messwiederholung aller Produkte. Im Beispiel haben 4 Personen 3 Produkte je zweimal beurteilt.

*Tabelle 16: Datenformat für Varianzanalyse*

|  | Produkt 1 | Produkt 2 | Produkt 3 |
|---|---|---|---|
| Person 1 | 3 | 4 | 2 |
| Person 1 | 2 | 5 | 3 |
| Person 2 | 5 | 6 | 2 |
| Person 2 | 2 | 6 | 1 |
| Person 3 | 4 | 5 | 2 |
| Person 3 | 5 | 5 | 2 |
| Person 4 | 6 | 4 | 2 |
| Person 4 | 4 | 4 | 3 |

Mit der MS Excel-Funktion Extras > Analyse-Funktionen > Zweifaktorielle Varianzanalyse mit Meßwiederholung kann eine *Varianzanalyse* für das entsprechende Attribut mit den Faktoren Produkt und Person für Tabelle 16 berechnet werden. Die Anzahl der Wiederholungen (Zeilen je Stichprobe) muss in der Eingabemaske spezifiziert werden (in diesem Fall 2). Die Ausgabe umfasst Kreuztabellen für jede Person und das Ergebnis der *Varianzanalyse* (Tab. 17). Die Zeile Stichprobe beschreibt die Attributunterschiede zwischen den Personen, Spalten die Unterschiede zwischen den Produkten und die dritte Zeile die Wechselwirkung zwischen Personen und Produkten. Aus der Spalte p-Wert lässt sich ablesen, ob der beobachtete Unterschied signifikant ist (*p-Wert* kleiner 5 % = 0,05).

*Tabelle 17: Ergebnis der Varianzanalyse*

| ANOVA Streuungsursache | Quadratsummen (SS) | Freiheitsgrade (df) | Mittlere Quadratsumme (MS) | Prüfgröße (F) | P-Wert | kritischer F-Wert |
|---|---|---|---|---|---|---|
| Stichprobe | 1,79 | 3 | 0,597 | 0,754 | 0,541 | 3,490 |
| Spalten | 31,00 | 2 | 15,500 | 19,579 | 0,000 | 3,885 |
| Wechselwirkung | 11,33 | 6 | 1,889 | 2,386 | 0,094 | 2,996 |
| Fehler | 9,50 | 12 | 0,792 |  |  |  |
| Gesamt | 53,63 | 23 |  |  |  |  |

Wurde ein signifikanter Unterschied zwischen den Produkten für ein Attribut gefunden, kann mit Hilfe multipler Testprozeduren (z. B. Duncan's multiple range test) untersucht werden, welche Produktpaare sich signifikant unterscheiden.

### 14.5.2 Hauptkomponentenanalyse

Hauptkomponenten sind lineare Kombinationen von Attributen und dienen der Reduktion von vielen Attributen auf wenige Variablen, die so genannten Hauptkomponenten. Die erste Hauptkomponente ist diejenige Dimension, die soviel wie möglich von der Variation zwischen sämtlichen Produkten erklärt. Zur Visualisierung der relativen Produktunterschiede wird eine Graphik auf Basis der ersten beiden Hauptkomponenten erstellt. Diese Darstellung wird als „*PCA* map" bezeichnet (Abb. 26), wobei *PCA* für *principal component analysis*, engl. für *Hauptkomponentenanalyse*, steht.

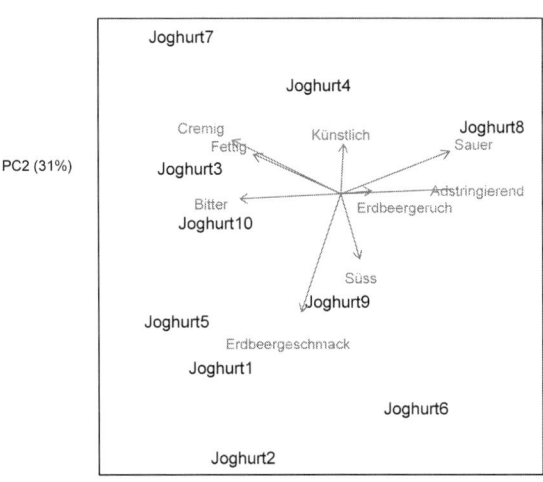

Abbildung 26: PCA map

Abbildung 25 zeigt eine *PCA map* mit 10 Joghurts und 9 Attributen. Die x-Achse entspricht der ersten Hauptkomponente, welche im Beispiel 49 % der Produktunterschiede erklärt. Die 2. Hauptkomponente (y-Achse) erklärt 31 % der Produktunterschiede. Unterschiede entlang der x-Achse haben dementsprechend etwas mehr Gewicht. Somit konnten mit Hilfe von zwei Dimensionen anstatt neun (9 Attribute) 80 % der Information abgebildet werden.

Joghurts, die in der Nähe liegen, sind relativ ähnlich (in Abbildung 25 etwa Produkte 3 und 10); je weiter zwei Produkte auseinander liegen, desto unterschiedlicher sind sie (z. B. Produkte 5 und 8). Es muss dabei betont werden, dass es sich um relative, nicht um absolute Unterschiede handelt.

Attribute sind als Vektoren zu verstehen. Zeigen die Vektoren zweier Attribute in die gleiche beziehungsweise ähnliche Richtung, so sind die beiden Attribute positiv korreliert. Das bedeutet, dass alle Testprodukte entweder (relativ) stärker in beiden Attributen oder schwächer in beiden Attributen ausgeprägt waren. In Abbildung 25 korrelieren die Attribute cremig und fettig stark positiv. Zeigen zwei Vektoren in entgegengesetzte Richtung, so sind die Attribute negativ korreliert. Das bedeutet, dass Produkte, die vom *Panel* als (relativ) stärker in einem der Attribute empfunden wurden, weniger intensiv in dem anderen Attribut beurteilt wurden. In Abbildung 25 korrelieren die Attribute Erdbeergeschmack und künstlich negativ miteinander; Produkte die einen stärkeren Erdbeergeschmack aufwiesen schmeckten weniger künstlich. Stehen zwei Vektoren rechtwinkelig zueinander, so sind die entsprechenden Attribute unkorreliert (z. B. künstlich und bitter).

Attribute mit kurzen Vektoren (Erdbeergeruch), tragen weniger zur Produktdifferenzierung bei als solche mit langen Vektoren (Erdbeergeschmack, cremig, sauer, ...).

Weiters kann von der „map" abgelesen werden, welche Produkte stärker in einem bestimmten Attribut ausgeprägt sind.

Entsprechende Programme zur Ausführung einer *Hauptkomponentenanalyse* sind in den meisten Statistikpaketen enthalten. Im Programm R kann die Funktion prcomp verwendet werden, zur Erstellung der *PCA-Map* dient die Funktion biplot.

Zusätzlich zu den ersten beiden Hauptkomponenten kann die dritte Hauptkomponente betrachtet und eine weitere „map" mit der ersten versus dritten

Hauptkomponente erstellt werden. Somit erhöht sich der Prozentsatz der dargestellten Information. Als Faustregel ist jede Dimension, die mehr als 10 % erklärt, relevant.

### 14.5.3 Clusteranalyse

Werden für Beobachtungseinheiten (z. B. Produkte oder Personen) mehrere quantitative Merkmale (sensorische Attribute von Produkten; Akzeptanzbewertungen mehrerer Produkte durch Konsumenten) erhoben, kann die Entfernung der Beobachtungseinheiten voneinander berechnet werden. Auf Basis dieser Distanzen wird eine Segmentierung *(Clusterung)* vorgenommen, sodass Elemente eines *Clusters* (Produkte oder Personen) möglichst ähnlich bezüglich der erhobenen Merkmale sind.

Es existieren verschiedene Methoden der *Clusteranalyse.* Zwei der verbreitetsten Verfahren, hierarchische *Clusteranalyse* und k-means *Clustering,* können im Programmpaket R mit den Befehlen hclust beziehungsweise kmeans ausgeführt werden.

## 14.6 Auswertung von Akzeptanztests

Wird die Akzeptanz zweier Produkte anhand einer *hedonischen* 9-Punkte-Skala gemessen, kann herausgefunden werden, ob der beobachtete Unterschied signifikant zu einem bestimmten Niveau $\alpha$ ist. Beurteilt jede Prüfperson beide Proben, wird der *t-Test* für abhängige *Stichproben* verwendet, werden die Proben von unterschiedlichen Personen getestet, wird der *t-Test* für unabhängige *Stichproben* angewandt.

Der *p-Wert*, also die Wahrscheinlichkeit für das Zustandekommen des beobachteten Unterschiedes zwischen zwei Proben unter der Annahme, dass sich die Proben nicht unterscheiden, kann in MS Excel beziehungsweise OpenOffice.org mit folgendem Befehl berechnet werden: =TTEST(A1:A200;B1:B200; 2; 1 oder 2). Hier befinden sich die Akzeptanzdaten von 200 Konsumenten für Joghurt X in den Feldern A1 bis A200 und für Joghurt Y in B1 bis B200. Im Fall von abhängigen *Stichproben* (das heißt, die 200 Konsumenten testen beide Proben und die entsprechenden Akzeptanzwerte einer Person stehen in einer

Zeile) wird an der letzten Position der Befehl „1" eingegeben. Bei unabhängigen *Stichproben* (unterschiedliche Konsumenten testen Joghurt X und Y; die beiden Datenreihen können hier auch unterschiedlich lang sein) muss „2" gewählt werden.

Natürlich kann der entsprechende *t-Test* auch mit jedem anderen Statistikpaket durchgeführt werden.

Wiederum gilt, dass bei einem *p-Wert* kleiner $\alpha$, ein signifikanter Unterschied zwischen den Proben besteht.

## 14.7  Auswertung des gepaarten Präferenztests

Präferieren insgesamt k Testpersonen Probe A und m Personen Probe B, berechnet man die Wahrscheinlichkeit für dieses Ergebnis unter der *Nullhypothese*, dass kein Unterschied in der Präferenz besteht, mit dem MS Excel- beziehungsweise OpenOffice.org-Befehl =2*BINOMVERT(MIN(k;m);k+m;0,5;1). Ist die Wahrscheinlichkeit kleiner als das vorgegebene *Signifikanzniveau* (z. B. 0,05), besteht ein Unterschied in der Präferenz zwischen Probe A und B.

# 15   Sensorik-Netzwerke

Sensorik-Netzwerke sind Informations- und Austauschplattformen für all jene, die sich mit dem Gebiet der Sensorik auseinandersetzen.

## 15.1   ESN European Sensory Network

Dieses Netzwerk wurde mit dem Ziel gegründet, innerhalb Europas Erfahrungsaustausch und Kooperationen zwischen den besten europäischen Forschungsinstitutionen zu ermöglichen.

## 15.2   Sensometric Society

Sensometrics ist eine speziell auf Sensorik ausgerichtete statistische Disziplin. Die Sensometric Society wurde am 17. November 2000 gegründet mit den Zielen,

- das Bewusstsein dafür zu erhöhen, dass Sensorik und Konsumentenforschung spezielle Methoden und spezielle statistische Auswertungen benötigen;
- die Kommunikation und Kooperation zwischen Personen, die am wissenschaftlichen Prinzip, an Methoden und sensometrischen Anwendungen interessiert sind, zu verbessern;
- weltweit als interdisziplinäre Institution zu agieren, die wissenschaftliche Kenntnisse in Sensometrics verbreitet (Sensometric Society: http://www.sensometric.org/).

## 15.3   Sensorik Netzwerk Österreich (SNÖ)

In Österreich wurde 2010 ein neuer Verein, das SNÖ, gegründet. Der Verein bezweckt Informationsaustausch im Bereich der Sensorik und verwandter Disziplinen, Zusammenarbeit in Forschung und Lehre, sowie das Propagieren und Anwenden von Methoden und Grundlagen der Sensorik. Kontaktherstellung, Verbesserung des Kenntnisstandes der österreichischen Bevölkerung zum Thema Sinneswahrnehmung und die Mitwirkung bei der Entwicklung, Verbesserung und Normierung sensorischer Methoden sind ebenso Ziele wie Aufbau und Pflege internationaler Kontakte. Die Autorin dieses Buches ist Mitgründerin des Vereins.

(http://snoe.boku.ac.at/)

## 15.4   European Sensory Science Society (E3S)

E3S ist eine europäische Non-Profit-Organisation, die 2011 in Florenz gegründet wurde. Mitglieder sind nationale Sensorikvereine aus zwölf europäischen Ländern, darunter das SNÖ (siehe Kapitel 15.3). Neben Österreich sind Deutschland und die Schweiz, Dänemark, Norwegen, Schweden, Finnland, Italien, Frankreich, Spanien, Holland und Großbritannien (UK) Mitglieder. Ziele sind Kooperationen und Wissenstransfer zwischen den Vereinen.

(http://www.e3sensory.eu/)

# Literatur

Albert A., Varela P., Salvador A., Hough G., Fiszman S.: Overcoming the issues in the sensory description of hot served food with a complex texture. Application of QDA®, flash profiling and projective mapping using panels with different degrees of training. IN: Food Quality and Preference 22, 2011, 463–473.

American Society of Brewing Chemists, Inc.: Difference-from-Control Sensory Test (ICM). Publication no J-1999-0920-070, 1999.

Amoore J.E.: Specific anosmia and the concept of primary odors. IN: Chemical Senses and Flavour 2, 1977, 267–281. Zitiert nach Möslein R., Scharf A., Schubert B.: Odor Profile Descriptive Analysis (OPDA) – Ein neues Verfahren zur Beschreibung komplexer Düfte – theoretische Grundlagen. Scharf A. (Hrsg.): Schriftenreihe Sensory Analysis Nr. 2, Göttingen: ForschungsForum 2004.

Arazi S., Kilkast D., Lawson S.: Time intensity data acquisition: A comparison of single and dual attribute methods. 4th Pangborn Symposium, Dijon 2001, Poster P084.

Arents P., Duineveld C.A.A., King B.M.: Sensory equivalence testing – the reversed null hypothesis and the size of a difference that matters. 6th Sensometrics Society Meeting, Dortmund 2002, Poster P08.

Avancini de Almeida T.C., Cubero E., O'Mahony M.: Same-different discrimination tests with interstimulus delays up to one day. IN: Journal of Sensory Studies 14, 1999, 1–18.

Bajec M.R., Pickering G.J.: Thermal taste, PROP responsiveness, and perception of oral sensations. IN: Physiology & Behaviour 95, 2008, 581–590.

Bajec M.R., Pickering G.J., DeCourville N.: Influence of stimulus temperature on orosensory perception and variation with taste phenotype. IN: Chemosensory Perception 2012, DOI: 10.1007/s12078-012-9129-5.

Bartoshuk L.M., Duffy V.B, Lucchina L.A., Prutkin J., Fast K.: PROP (6-n-Propylthiouracil) and the saltiness of NaCl. IN: Claire Murphy (Hrsg.): Olfaction and Taste XII, An International Symposium, New York Academy of Sciences 1998, 793–6.

Barylko-Pikielna N., Matuszewska I., Jeruszka M., Kozlowska K., Brzozowska A., Roszkowski W.: Discriminability and appropriateness of category scaling versus ranking methods to study sensory preferences in elderly. IN: Food Quality and Preference 15, 2004, 167–175.

Baumann A., Caversaccio M.: Das Riechorgan – ein verlorener Sinn? IN: Unipress 113, Bern, Juni 2002, 35–37.

Baxter I.A., Jack F.R., Schröder M.J.A.: The use of repertory grid method to elicit perceptual data from primary school children. IN: Food Quality and Preference 9, 1998, 73–80.

Belitz H.-D., Grosch W.: Lehrbuch der Lebensmittelchemie. Springer Verlag, Berlin, 4. Auflage 1992.

Bi J., Ennis D.M.: Sensory Thresholds: Concepts and Methods. IN: Journal of Sensory Studies 13, 1998, 133–148.

Bitter T., Gudziol H., Burmeister H.P., Mentzel H.-J., Guntinas-Lichius O., Gaser C.: Anosmia leads to a loss of gray matter in cortical brain areas. IN: Chemical Senses 35, 2010, 407–415.

Blake A.A.: Flavour preferences and the learning of food preferences. IN: Flavour Perception. Taylor A.J. und Roberts D.D. (Hrsg.), Blackwell Publishing 2004.

Blancher G., Chollet S., Kesteloot R., Hoang D.N., Cuvelier G., Sieffermann J.-M.: French and Vietnamese: How do hey describe texture charactersistics ofthe same food? A case study with jellies. IN: Food Quality and Preference 18, 2007, 560–575.

Bonebright, T.: Perceptual structure of everyday sounds: a multidimensional scaling approach. IN: Proceedings of the 2001 International Conference on Auditory Display. Espoo, Finland 2001.

Bongartz A.: Natives Olivenöl. IN: Busch-Stockfisch (Hrsg.), Praxishandbuch Sensorik in der Produktentwicklung und Qualitätssicherung, aktualisierte Auflage 15.12. 2006.

Brand J.G.: Within reach of an end to unnecessary bitterness? IN: The Lancet 356, 2000, 1371–2.

Briner H.R.: Störung des Geruchsinnes. www.novimed.ch/geruchstest/images/Briner.pdf 12.3.2004, 13–35h.

Brugger C., Sim B.J., Henry S.: Comparison of the sensitivity and perception of umami taste between an European and Asian panel. 5th Pangborn Symposium, Boston 2003, Poster P151.

Bücking M.: Freisetzung von Aromastoffen in Gegenwart retardierender Substanzen aus dem Kaffeegetränk. Dissertation, Universität Hamburg 1999.

Busch-Stockfisch M.: Prüferauswahl und Prüferschulung. Kapitel I.2; sowie: Anhang 2.II-6 a) IN: Busch-Stockfisch M. (Hrsg.): Praxishandbuch Sensorik. Behr's Verlag Hamburg, 08/2002.

Busch-Stockfisch M.: Prüfverfahren. IN: Busch-Stockfisch (Hrsg.), Praxishandbuch Sensorik in der Produktentwicklung und Qualitätssicherung. Behr's Verlag Grundwerk 2002.

Busch-Stockfisch M.: Dreiecksprüfungen-Triangeltest. IN: Busch-Stockfisch M. (Hrsg.), Praxishandbuch Sensorik in der Produktentwicklung und Qualitätssicherung. Behr's Verlag 4. Aktualisierungslieferung 10/2003.

Cain W.S.: History of research on smell. IN: Certerette E.C., Friedman M.P. (Hrsg.): Handbook of perception, vol IV, Tasting and Smelling. New York u. a. Academic Press, 1978, 197–229. Zitiert nach Scharf A.: Sensorische Produktforschung im Innovationsprozess. Schäffer-Poeschel Verlag, Stuttgart, 1. Auflage 2000.

Campo E., Ballester J., Langlois J., Dacremont C., Valentin D.: Comparison of conventional descriptive analysis and a citation frequency-based descriptive method for odor profiling: An application to Burgundy Pinot Noir wines. IN: Food Quality and Preference 21, 2010, 44–55.

Capitanio A., Lucci G., Tommasi L.: Mixing taste illusions: The effect of miraculin on binary and trinary mixtures. IN: Journal of Sensory Studies 26, 2011, 54–61.

Cardello A.V., Schutz H.G.: Research note. Numerical scale-point locations for constructing the LAM (labeled affective magnitude) scale. IN: Journal of Sensory Studies 19, 2004, 341–346.

Carlucci A., Monteleone E.: A procedure of sensory evaluation for describing the aroma profile of single grape variety wines. IN: Journal of Sensory Studies, 23, 2008, 817–834.

Chacon R., Sepulveda D.R.: Development of an improved two-alternative choice (2AC) sensory test protocol based on the application of the asymmetric dominance effect. IN: Food Quality and Preference 22, 2011, 78–82.

Chastrette M.: Classification of Odors and Structure-Odor Relationships. IN: Rouby C., Schaal B., Dubois D., Gervais R. und Holley A. (Hrsg.): Olfaction, Taste, and Cognition. Cambridge University Press, 1. Auflage 2002, 100–116.

Chen A.W., Resurreccion A.V.A., Paguio L.P.: Age appropriate hedonic scales to measure food preferences of young children. IN: Journal of Sensory Studies 11, 1996, 141–163.

Chen D., Dalton P.: The effect of emotion and personality on olfactory perception. IN: Chemical Senses 30, 2005, 345–351.

Chrea C., Valentin D., Sulmont-Rossé C., Ly Mai H., Hoang Nguyen D., Abdi H.: Culture and odor categorization: agreement between cultures depends upon the odors. IN: Food Quality and Preference 15, 2004, 669–679.

Contel M., Naes T., Scalvedi M.L.: Consumer acceptance of dry-cured ham with different salt levels and different origin/brand: an experimental study. 8th Pangborn Symposium, Florenz 2009, Poster.

Cordonnier S.M., Delwiche J.F.: An alternative method for assessing liking: positional relative rating versus the 9-point hedonic scale. IN: Journal of sensory studies 23, 2008, 284–292.

Costell E.: A comparison of sensory methods in quality control. IN: Food Quality and Preference 13, 2002, 341–353.

Costello M., Clark S.: Appendix F. Preparation of samples for instructing students and staff in dairy products evaluation. IN: Clark S., Costello M., Drake M.A., Bodyfelt F. (Hrsg.). The sensory evaluation of dairy products. Springer, 2. Ausgabe 2009.

Cox D.N., Evans G., Kermarrec C., Sable T.: Stability, reliability and predictive validity of the Food Technology Neophobia Scale. 8th Pangborn Symposium, Florenz 2009, Poster.

Dairou V., Sieffermann J.-M.: A comparison of 14 jams characterized by conventional profile and a quick original method, the Flash profile. IN: Journal of Food Science 67 (2), 2002, 826–834.

Dacremont C., Fiches G., Sorrentino F., Valentin D.: Sensodist: Remote Difference Tests through Internet. 8th Pangborn Symposium, Florenz 2009, Poster.

Dalton P.: Psychophysical and Behavioural Characteristics of Olfactory Adaptation. IN: Chemical Senses 25, 2000, 487–492.

Degen R.: Das Spiel mit dem Gaumenfeuer. IN: Tabula Nr. 4, Oktober 2005, 4–7.

Degen R.: Nicht nur Verdorbenes macht Angst. IN: Tabula 2, 2005, 4–7.

De Kock R., Hansen G., Martinsdóttir E., Corley K.: Managing a sensory panel for day to day QC activities. http://www.esn-network.com/fileadmin/inhalte/login_bereich/doku mente/Pretoria_2008/seminar_presentations/ESN_Pretoria_2008_Workshop_DeKock. pdf, Zugriff 2.2.2012

De Liz Pocztaruk R., Abbink J.H., de Wijk R.A., da Fontoura Frasca L.C., Duarte Gavião M.B., van der Bilt A.: The influence of auditory and visual information on the perception of crispy food. IN: Food Quality and Preference 22, 2011, 404–411.

Delwiche, J.F.: Impact of Color on Perceived Wine Flavor. IN: Foods Food Ingredients, J. Jpn. 208, 2003, 349–352.

Delwiche J.F., Buletic Z., Breslin B.A.: Papillae number poorly predicts an individual's PROP sensitivity. 4th Pangborn Symposium, Dijon 2001, Präsentation O-01.

Delwiche J.F., Heffelfinger A.L.: Cross-modal additivity of taste and smell. IN: Journal of Sensory Studies 20, 2005, 512–525.

Derndorfer E., Bareis P., Ebhart P., Baierl A.: Is there an exotic pear flavour? IN: Ernährung/ Nutrition, 29 (9) 2005a, 368–374.

Derndorfer E., Baierl A., Nimmervoll E., Sinkovits E.: A panel performance procedure implemented in R. IN: Journal of Sensory Studies, 20 (3) 2005b, 217–227.

Derndorfer E., Baierl A.: Development of an Aroma Map of Spices by Multidimensional Scaling. IN: Journal of Herbs, Spices and Medicinal Plants 12 (4), 2006, 39–50.

Derndorfer E., Mörixbauer A., Reiselhuber-Schmölzer S.: Brot im Klartext. Die österreichische Brotansprache. Bundesinnung der Lebensmittelgewerbe, Bundesverband der Bäcker (Hrsg.). Trauner Verlag, 2012.

Deutsche Synästhesiegesellschaft e.V.: http://www.synaesthesie.org/3synaesthesia/ Syn_e4sthesie Zugriff am 19.1.2010.

Diamond J., Dalton P., Doolittle N., Breslin P.A.S.: Gender-specific olfactory sensitization: Hormonal and cognitive influences. IN: Chemical Senses 30 (suppl), 2005, i224–225.

DIN Deutsches Institut für Normung eV: DIN10962 Prüfbereiche für sensorische Prüfungen. Anforderungen an Prüfräume. Oktober 1997.

DIN Deutsches Institut für Normung eV: DIN 10968 Sensorische Prüfung. Ermittlung und Überprüfung der Mindesthaltbarkeit von Lebensmitteln. Dezember 2003.

Ding-Greiner C.: Der Wandel von Geruch und Geschmack im Alter. IN: Geschmackskulturen. Von Engelhardt D. (Hrsg.). Campus Verlag 2005.

DLG-Trendmonitor Lebensmittelsensorik 2011. Status Quo zum Einsatz der Sensorik in Deutschland.

Drake M.A., Drake S., Bodyfelt F., Clark S., Costello M.: History of Sensory Analysis. IN: Clark S., Costello M., Drake M.A., Bodyfelt F. (Hrsg.). The sensory evaluation of dairy products. Springer, 2. Ausgabe 2009.

Drake S.L., Drake M.A.: Comparison of salty taste and time intensity of sea and land salts from around the world. IN: Journal of Sensory Studies 26, 2011, 25–34.

Drewnowski A., Ahlstrom Henderson S., Shore A.B., Barratt-Fornell A.: Sensory Responses to 6-n-Propylthiouracil (PROP) or Sucrose Solutions and Food Preferences in Young

Women. IN: Claire Murphy (Hrsg.): Olfaction and Taste XII. An International Symposium. New York Academy of Sciences, 1998, 797–801.

Dreyfuss L., Nicod H., Beague M.-P.: Understanding the French anti-ageing creams market by three different methods using sensory panelists: Conventional profile vs Flash profile vs Free sorting. 8th Pangborn Symposium, Florenz 2009, Poster.

Dr. Rainer Wild Stiftung: Presseinformation. Vier von fünf Verbrauchern essen Dinge, die ihnen nicht schmecken. 29. 9. 2011.

Dürrschmid K.: Gustatorische Wahrnehmungen gezielt abwandeln. Behr's Verlag 2009.

Dürrschmid K.: Was benötigt man für menschliche Sinneswahrnehmungen? Eine Checkliste. IN: Hildebrandt G. (Hrsg.) Geschmackswelten. Grundlagen der Lebensmittelsensorik. DLG-Verlag 2008.

Ebster C., Derndorfer E.: Auswirkungen visueller Kennzeichnungen auf die Geschmackswahrnehmung. In: Der Winzer 09, 2007, 33.

Elmore J.R., Heymann H.: Perceptual maps of photographs of carbonated beverages created by traditional and free-choice profiling. IN: Food Quality and Preference 10, 1999, 219–227.

Ennis D.: Population thresholds. www.ifpress.com, published 2000.

Ennis D.M., Palen J.J., Mullen K.: A multidimensional stochastic theory of similarity. IN: Journal of Mathematical Psychology 32, 1988, 449–465. Zitiert nach Rousseau B., O'Mahony M.: Investigation of the dual pair method as a possible alternative to the triangle and same-difference tests. IN: Journal of Sensory Studies 16, 2001, 161–178.

Epke E.M., McClure S.T., Lawless H.T.: Effect of nasal occlusion and oral contact on perception of metallic taste from metal salts. IN: Food Quality and Preference 20, 2009, 133–137.

Falahee M., MacRae A.W.: Perceptual variation among drinking waters: the reliability of sorting and ranking data for multidimensional scaling. IN: Food Quality and Preference 8, 1997, 389–394.

Falahee M., MacRae A.W.: Consumer appraisal of drinking water: Multidimensional Scaling Analysis. IN: Food Quality and Preference 6, 1995, 327–332.

Fillion L., Kilkast D.: Towards a Measurement of oral tactile sensitivity and masticatory performance: development of texture tests. Leatherhead Research Report No 781, 2001.

Fink M., Horvath T., Baierl A., Derndorfer E.: Cognitive associations of colours and flavours - and their dependence on peoples' wine, fruit and vegetable consumption. 8th Pangborn Symposium, Florenz 2009, Poster.

Frasnelli J., Hummel T.: Neue Techniken zur Darbietung ortho- und retronasaler Duftreize. IN: Ernährung/Nutrition 31, 2007, 498–501.

Frye R.E., Schwartz B.S., Doty R.L.: Dose-related effects of cigarette smoking on olfactory function. IN: The Journal of the American Medical Association 263 (9), 1990, 1233–1236.

Gacula M., Rutenbeck S., Pollack L., Resurreccion A.V.A., Moskowitz H.R.: The just-about-right intensity scale: Functional analysis and relation to hedonics. IN: Journal of Sensory studies 2, 2007, 194–211.

Genschow O., Reutner L., Wänke M.: The color red reduces snack food and soft drink intake. IN: Appetite 58, 2012, 699–702.

Gonzáles-Viñas M.A., Moya A., Cabezudo M.D.: Description of the sensory characteristics of Spanish unifloral honeys by free choice profiling. IN: Journal of Sensory Studies 18, 2003, 103–113.

Gonzáles-Viñas M.A., Garrido N., Wittig de Penna E.: Free choice profiling of Chilean goats cheese. IN: Journal of Sensory Studies 16, 2001, 239–248.

Granli B.S., Tomic O., Skaret J., SahlstrØm S., Grimsby A., Nilsen A.N.: Barley bread with low content of salt; a cross cultural study in three European Countries. 8th Pangborn Symposium, Florenz 2009, Poster.

Green Petersen D.M.B., Nielsen J., Hyldig G.: Sensory profiles of the most common salmon products on the Danish Market. IN: Journal of Sensory Studies 21, 2006, 415–427.

Green B.G., Hayes J.E.: Individual Differences in Perception of Bitterness from Capsaicin, Piperine and Zingerone. IN: Chemical Senses 29, 2004, 53–60.

Green B.G., George P.: ,Thermal taste' predicts higher responsiveness to chemical taste and flavor. IN: Chemical Senses 29, 2004, 617–628.

Grüb H.: Ermitteln von Geschmacks- und Geruchsschwellen. Kapitel I.4 IN: Busch-Stockfisch (Hrsg.): Praxishandbuch Sensorik. Behr's Verlag Hamburg, 5. Akt., Lfg. 02/2004.

Grüsser O.-J., Grüsser-Cornehls U.: Gesichtssinn und Okulomotorik. IN: Schmidt R.F., Thews G. (Hrsg.): Physiologie des Menschen. Springer Verlag, Berlin Heidelberg, 27. Auflage 1997.

Guarneros M., Hummel T., Martínez-Gómez M., Hudson R.: Mexico City air pollution adversely affects olfactory function and intranasal trigeminal sensitivity. IN: Chemical Senses 34, 2009, 819–826.

Haglund A., Johannson L., Berglund L., Dahlstedt L.: Sensory evaluation of carrots from ecological and conventional growing systems. IN: Food quality and preference 10, 1999, 23–29.

Handwerker H.O.: Allgemeine Sinnesphysiologie. IN: Schmidt R.F., Thews G. (Hrsg.): Physiologie des Menschen. Springer Verlag, Berlin, 27. Auflage 1997.

Hatt H.: Geschmack und Geruch. IN: Schmidt R.F. und Thews G. (Hrsg.): Physiologie des Menschen. Springer Verlag, Berlin Heidelberg, 27. Auflage 1997.

Hatt H., Dee R.: Das Maiglöckchenphänomen. Alles über das Riechen und wie es unser Leben bestimmt. Piper Verlag 2008.

Hatt H.: Physiologie des Riechens: Vom Molekül zur Wahrnehmung. IN: Komplement. Integr. Med. 11, 2007, 24–28.

Hausner H., Bredie W.L.P., MØlgaard C., MØller P.: Differential Transfer of Dietary Flavour Compounds into Human Breast Milk. 7th Pangborn Sensory Science Symposium, Minneapolis 2007, Poster P6.05.

Havermans R.C., Filla S., Geschwind N., Nederkoorn C., Jansen A.: Manipulation of taste intensity does not affect the development of sensory-specific satiety. IN: Appetite 50, 2008, 559.

Hayes J.E., Bartosuk L.M., Kidd J.R., Duffy V.B.: Supertasting and PROP Bitterness depends on more than the TAS2R38 gene. IN: Chemical Senses 33, 2008, 255–265.

Hayes J.E., Duffy V.B.: Revisiting sugar-fat mixtures: Sweeetness and creaminess vary with phenotypic markers of oral sensation. IN: Chemical Senses 32, 2007, 225–236.

Heath T.P., Melichar J.K., Nutt D.J., Donaldson L.F.: Human taste thresholds are modulated by serotonin and noradrenaline. IN: The Journal of Neuroscience 26, 2006, 12664–12671.

Hein K.A., Hamid N., Jaeger S.R., Delahunty C.M.: Application of a written scenario to evoke a consumption context in a laboratory setting: effects on hedonic ratings. 8th Pangborn Symposium, Florenz 2009, Poster.

Hein K.A., Jaeger S.R., Carr B.T., Delahunty C.M.: Comparison of five common acceptance and preference methods. IN: Food Quality and Preference 19, 2008, 651–661.

Heller E.: Wie Farben wirken. Farbpsychologie Farbsymbolik Kreative Farbgestaltung. Rowohlt Taschenbuch Verlag, Hamburg, 2006, 3. Auflage.

Hersleth M., Ueland Ø., Allain H., Naes T.: Consumer acceptance of cheese, influence of different testing conditions. 5th Pangborn Symposium, Boston 2003, Poster P64.

Higuchi T., Shoji K., Hatayama T.: Multidimensional scaling of fragrances: A comparison between the verbal and non-verbal methods of classifying fragrances. IN: Japanese Psychological Research 46 (1), 2004, 10–19.

Hoehl K., Schoenberger G.U., Busch-Stockfisch M.: Water quality and taste sensitivity for basic tastes and metallic sensation. IN: Food Quality and Preference 21, 2010, 243–249.

Hollis J.H., Henry C.J.K.: Sensory-specific satiety and flavor amplification of foods. IN: Journal of Sensory Studies 22, 2007, 367–376.

Hoyer S.: Sinnesphysiologische Fähigkeiten und Alter. Vortrag am 8. Internationalen Sensorik-Symposium „Sensorik: Quo vadis?", Mainz 2004.

Hoyer S.: Prädiktiver Wert sensorischer Laboruntersuchungen für den Getränkekonsum älterer Menschen unter Alltagsbedingungen. Dissertation, Potsdam 2003.

Hudson R., Arriola A., Martínez-Gómez M., Distel H.: Effect of Air Pollution on Olfactory Function in Residents of Mexico City. IN: Chemical Senses 31, 2006, 79–85.

Hummel T., Sekinger B., Wolf S.R., Pauli E., Kobal G.: ´Sniffin´Sticks´: Olfactory Performance Assessed by the Combined Testing of Odor Identification, Odor Discrimination and Olfactory Threshold. IN: Chemical Senses 22, 1997, 39–52.

Hummel T., Rissom K., Reden J., Hähner A., Weidenbacher M., Hüttenbrink K.-B.: Effects of olfactory training in patients with olfactory loss. IN: The Laryngoscope 119, 2009, 496–499.

Hutchings J.B.: Food Color and Appearance. Aspen Publishers, Gaithersburg Maryland, 2. Auflage 1999.

ISO: International Standard "Sensory analysis – Methodology – Magnitude estimation method" ISO 11056:1999(E), 1st edition.

ISO 5492:2008: Sensory analysis – Vocabulary.

Jaeger S.R., Cardello A.V.: Direct and indirect hedonic scaling methods: A comparison of the labeled affective magnitude (LAM) scale and best-worst-scaling. IN: Food Quality and Preference 20, 2009, 249–258.

Ja/KK: Das Geheimnis des weiblichen Feingefühls. IN: Ärztewoche 1/2010, S. 24.

Jönsson F.U., Tchekhova A., Lönner P., Olsson M.J.: A Metamemory Perspective on Odor Naming and Identification. IN: Chemical Senses 30, 2005, 353–365.

Jones F.N., Roberts K., Holman E.W.: Similarity judgments and recognition memory for some common spices. IN: Perception and Psychophysics 24 (1), 1978, 2–6.

Jones L.V., Peryam D.R., Thurstone L.L.: Development of a scale for measuring soldier's food preferences. IN: Food Research 20, 1955, 512–520. Zitiert nach: Schutz H.G., Cardello A.V.: A labeled magnitude (LAM) scale for assessing food liking/disliking. IN: Journal of Sensory Studies 16, 2001, 117–159.

Jones L.V., Thurstone L.L.: The psychophysics of semantics: an experimental investigation. IN: Journal of Applied Psychology 39 (1), 1955, 31–36. Zitiert nach: Schutz H.G., Cardello A.V.: A labeled magnitude (LAM) scale for assessing food liking/disliking. IN: Journal of Sensory Studies 16, 2001, 117–159.

Joshi P.: The Colour Assessment of Foods – by eye and instrument. Vortrag im Rahmen des Symposiums "Sensory gets Physical" (SCI, IFST), London 2002.

Kahle W. fortgeführt von Frotscher M.: Taschenatlas der Anatomie in 3 Bänden. Band 3: Nervensystem und Sinnesorgane. Georg Thieme Verlag, Stuttgart New York, 7. Auflage 2001.

Keast R.S.J., Breslin P.A.S.: An overview of binary taste-taste interactions. IN: Food Quality and Preference 14, 2002, 111–124.

Keast R.S.J.: Modification of the bitterness of caffeine. IN: Food Quality and Preference 19, 2008, 465–472.

Keast R.S.J., Roper J.: A complex relationship among chemical concentration, detection threshold, and suprathreshold intensity of bitter compounds. IN: Chemical Senses 32, 2007, 245–253.

Kihlberg I., Johannson L., Kohler A., Risvik E.: Sensory qualities of whole wheat pan bread – influence of farming system, milling and baking technique. IN: Journal of Cereal Science 39, 2004, 67–84.

Knecht M., Hüttenbrink K.-B., Hummel T.: Störungen des Riechens und Schmeckens. IN: Schweizer Medizinische Wochenschrift 129, 1999, 1039–46.

Knoblich H., Scharf A., Schubert B.: Marketing mit Duft. Oldenbourg Wissenschaftsverlag GmbH, München, 4. Auflage 2003.

Kobayashi M., Saito S., Kobayakawa T., Deguchi Y., Costanzo R.M.: Cross-cultural comparison of data using the odor stick identification test for Japanese (OSIT-J). IN: Chemical Senses 31, 2006, 335–342.

Kobayashi T., Sakai N., Kobayakawa T., Akiyama S., Toda H., Saito S.: Effects of cognitive factors on perceived odor intensity in adaptation/habituation process: from 2 different odor presentation methods. IN: Chemical Senses 33, 2008, 163–171.

Kofes J., Naqvi S., Cece A., Yeh M.: Understanding presentation order effects & ways to control for them in consumer testing. 8th Pangborn Symposium, Florenz 2009, Poster.

Köster E.P.: The Specific Characteristics of the Sense of Smell. IN: Rouby C., Schaal B., Dubois D., Gervais R. und Holley A. (Hrsg.): Olfaction, Taste, Cognition. Cambridge University Press, 1. Auflage 2002, 27–43.

Kremer S., Mojet J., Shimojo R.: Maximizing salt reduction while retaining consumer appreciation. 8th Pangborn Symposium, Florenz 2009, Poster.

Kroll B.J.: Evaluating rating scales for sensory testing with children. IN: Food Technology 44 (11), 1990, 78–80, 82, 84, 86.

Labbe D., Rytz A., Morgenegg C., Ali S., Martin N.: Subthreshold olfactory stimulation can enhance sweetness. IN: Chemical Senses 32, 2007, 205–214.

Labbe D., Schlich P., Pineau N., Gilbert F., Martin N.: Temporal dominance of sensations and sensory profiling: A comparative study. IN: Food Quality and Preference 20, 2009, 216–221.

Lachnit M., Busch-Stockfisch M., Kunert J., Krahl T.: Suitability of Free Choice Profiling for assessment of orange-based carbonated soft-drinks. IN: Food Quality and Preference 14, 2003, 257–263.

Laugerette F., Passilly-Degrace P., Patris B., Niot I., Febbraio M., Montmayeur J-P., Besnard P.: CD36 involvement in orosensory detection of dietary lipids, spontaneous fat preference, and digestive secretions. IN: The Journal of Clinical Investigation 115, 2005, 3177–3184.

Lawless H.T.: Sensory Modalities of Metallic Taste. 6th Pangborn Symposium, Harrogate 2005, Oral presentation O4.

Lawless H.T., Sheng N., Knoops S.S.C.P: Multidimensional scaling of sorting data applied to cheese perception. IN: Food Quality and Preference 6, 1995, 91–98.

Lawless H.T., Glatter S.: Consistency of multidimensional scaling models derived from odor sorting. IN: Journal of Sensory Studies 5, 1990, 217–230.

Lawless H.T., Sinopoli D., Chapman K.W.: A comparison of the labelled affective magnitude scale and the 9-point hedonic scale and examination of categorical behaviour. IN: Journal of Sensory Studies 25, 2010, 54–66.

Lawlor J.B., Sheehan E.M., Delahunty C.M., Kerry J.P., Morrissey P.A.: Sensory Characteristics and Consumer Preference for Cooked Chicken Breasts from Organic, Corn-fed, Free-range and Conventionally Reared Animals. IN: International Journal of Poultry Science 2 (6), 2003, 409–416.

Le Coutre J.: The metabolic Sense. IN: Food Technology 57 (8), 2003, 34–37.

Lee J., Chambers D.H.: A lexicon for flavor descriptive analysis of green tea. IN: Journal of sensory studies 22: 2007, 256–272.

Lee H.-S., Carstens E., O'Mahony M.: Drinking hot coffee: why doesn't it burn the mouth. IN: Journal of Sensory Studies 18, 2003, 19–32.

Lee H.-S., Kim K.-O.: Difference test sensitivity: Comparison of three versions oft he duo-trio method requiring different memory schemes and taste sequences. IN: Food Quality and Preference 19, 2008, 97–102.

Lehrner J.P., Gluck J., Laska M.: Odor identification, consistency of label use, olfactory threshold and their relationships to odor memory over the human lifespan. Chemical Senses 1999; 24: 337–346.

Lemme H.: Sensor schnuppert Bratenduft. IN: Elektronik 17, 2002, 42–48.

Léon F., Couronne T., Marcuz M.C., Köster E.P.: Measuring food liking in children: a comparison of non verbal methods. IN: Food Quality and Preference 10, 1999, 93–100.

Le Reverend F.M., Hidrio C., Fernandes A., Aubry V.: Comparison between temporal dominance of sensations and time intensity results. IN: Food Quality and Preference 19, 2008, 174–178.

Liem G.L., Mars M., de Graaf C.: Consistency of sensory testing with 4- and 5-year-old children. IN: Food Quality and Preference 15, 2004, 541–548.

Liem D.G., de Graaf K.: Sweet and sour preferences in young children and adults: role of repeated exposure. IN: Physiology & Behavior 83 (3), 2004, 421–9.

Liem D.G., Zandstra E.H., Stubenitsky K.: Optimisation of difference testing with 9–12 year old children. IN: Appetite 47, 2006, 269.

Liem D.G., Mars M., de Graaf K.: Consistency of sensory testing with 4- and 5-year old children. IN: Food Quality and Preference 15, 2004, 541–548.

Lill F.: A-not-A Test. Kapitel II.6 IN: Busch-Stockfisch M. (Hrsg.): Praxishandbuch Sensorik. Behr's Verlag Hamburg, Grundwerk 08/2002.

Lill F., Köhn E.: Methoden, Anwendungen und Analysen. IN: Busch-Stockfisch (Hrsg.), Praxishandbuch Sensorik in der Produktentwicklung und Qualitätssicherung. Behr's Verlag 2006.

Lim J., Urban L., Green B.G.: Measures of individual differences in taste and creaminess perception. IN: Chemical Senses 33, 2008, 493–501.

Lim J., Green B.G.: The psychophysical relationship between bitter taste and burning sensation: evidence of qualitative similarity. IN: Chemical Senses 32, 2007, 31–39.

Lippert H.: Anatomie. 5. Auflage, Urban & Schwarzenberg, München, 1989.

Lippert H., Herbold D., Lippert-Burmester W.: Anatomie Text und Atlas. Urban & Fischer, München, 7. Auflage 2002.

Lund C.M., Jones V.S., Spanitz S.: Effects and influences of motivation on trained panelists. IN: Food Quality and Preference 20, 2009, 295–303.

Lundström J.N., Boyle J.A., Jones-Gotman M.: Sit up and smell the roses better: Olfactory sensitivity to phenyl ethyl alcohol is dependent on body position. IN: Chemical Senses 31, 2006, 249–252.

Lundström J.N., Boyle J.A., Jones-Gotman M.: Body position-dependent shift in odor percept present only for perithreshold odors. IN: Chemical Senses 33, 2008, 23–33.

Lütgendorff-Gyllenstorm H., Riedl R.: Unsere Nahrung ist viel zu heiß. IN: Ärztewoche, 27.10.2011.

Lyon D., Meener J.L., McEwan J.A., Metherinham T.L.C., Lallemand M.: Guideline for the selection and training of assessors for descriptive sensory analysis. Lyon D (Hrsg.). CCFRA Guideline No 37, 2002.

Maehashi K., Matano M., Nonaka M., Udaka S., Yamamoto Y.: Riboflavin-Binding protein is a novel bitter inhibitor. IN: Chemical Senses 33, 2008, 57–63.

Maehashi K., Matano M., Kondo A., Yamamoto Y., Udaka S.: Riboflavin-Binding protein exhibits selective sweet suppression toward protein sweeteners. IN: Chemical Senses 32, 2007, 183–190.

Majchrzak D., Wahl M.: Descriptive sensory analysis under standardized and non-standardized conditions. 9th Pangborn Sensory Science Symposium, Toronto 2011, Poster.

Mamatha B.S., Prakash M., Nagarajan S., Bhat K.K.: Evaluation of the flavor quality of pepper (piper nigrum L.) cultivars by GC-MS, electronic nose and sensory analysis techniques. IN: Journal of Sensory Studies 23, 2008, 498–513.

Manz F., Manz I.: Sinnesentwicklung und Sinnesausprägung beim Föten und Säugling. IN: Geschmackskulturen. Von Engelhardt D. (Hrsg.). Campus Verlag 2005.

Manzini I., Czesnik D.: Strukturelle und funktionelle Grundlagen des Schmeckens. IN: Hummel und Welge-Lüssen (Hrsg.) Riech- und Schmeckstörungen. Thieme 2009, 27–41.

Marks L.E., Wheeler M.E.: Attention and the detectability of weak taste stimuli. IN: Chemical Senses 23, 1998, 19–29.

Marshall R.J.: A simplified profiling method for very small food companies. 7th Pangborn Symposium, Minneapolis 2007, Poster 2.31.

Mattes R.D.: Oral detection of short-, medium- and long-chain free fatty acids in humans. IN: Chemical Senses 34, 2009, 145–150.

McClure S., Lawless H.T.: Comparison of the triangle and a self-defined two alternative forced choice test. IN: Food Quality and Preference 21, 2010, 547–552.

McEwan J.A.: Proficiency testing for Sensory Profile Tests: Statistical Guidelines – Part 1. CCFRA R&D Report No. 119, 2000a.

McEwan J.A.: Proficiency testing for Sensory Ranking Tests: Statistical Guidelines – Part 1. CCFRA R&D Report No. 118, 2000b.

McEwan J.A., Ducher C.: Preference Mapping Case Studies. CCFRA Review No. 7, 1998.

McEwan J.A., Earthy P.J., Ducher C.: Preference Mapping: A Review. CCFRA Review No. 6, 1998.

Mennella J.A., Jagnow P.C., Beauchamps G.K.: Prenatal and Postnatal Flavor learning by Human Infants, IN: Pediatrics 107 (6), 2001, e88.

Mennella J.A., Turnbull B., Ziegler P.J., Martinez H.: Infant feeding practices and early flavor experiences in Mexican infants: An intracultural study. IN: Journal of the American Dietetic Association 105, 2005, 908–915.

Meyerhof W.: Geschmacksfragen – Neues aus der Ernährungsforschung. Mechanismen der Geschmackswahrnehmung und ihre Auswirkung auf das Essverhalten. IN: Moderne Ernährung Heute No. 1, 2003.

Meyerhof W., Nachtsheim R.: Fettig. Die sechste Geschmacksqualität? IN: Journal Culinaire 14, 2012, 8–14.

Meyners M., Kunert J.: Verallgemeinerte Prokrustes Analyse (GPA). Kapitel VI. 2.5. IN: Busch-Stockfisch M. (Hrsg.): Praxishandbuch Sensorik, Behr's Verlag Hamburg, 2. Akt.-Lfg 02/2003.

Michon C., McDonnell E.: validation of a degree of difference (DOD) cut-off point using cross-cultural insight for quality purposes. IN: Food Quality and Preference 19, 2008, 727–733.

Möslein R., Scharf A., Schubert B.: Odor Profile Descriptive Analysis (OPDA) – Ein neues Verfahren zur Beschreibung komplexer Düfte – Theoretische Grundlagen. Scharf A. (Hrsg.): Schriftenreihe Sensory Analysis Nr. 2, Göttingen: ForschungsForum 2004.

Moskowitz H.R., Jacobs B.E.: Magnitude estimation: Scientific Background and use in sensory analysis. IN: Moskowitz H.R. (Hrsg.): Applied sensory analysis of foods. Vol I. CRC Press, Boca Raton Florida 1988.

Mucci A., Garitta L., Hough G., Sampayo S.: Comparison of discrimination ability between a panel of blind assessors and a panel of sighted assessors. IN: Journal of Sensory Studies 20, 2005, 28–34.

Mühle C.: Anleitung für ein Schulungsprogramm zur sensorischen Texturmessung. Kapitel II.2.4 IN: Busch-Stockfisch M. (Hrsg.): Praxishandbuch Sensorik, Behr's Verlag Hamburg, 3. Akt. Lfg. 05/2003.

Munoz A.M.: Sensory evaluation in quality control: an overview, new developments and future opportunities. IN: Food Quality and Preference 13, 2002, 329–339.

Munoz A.M., Civille G.V., Carr B.T.: Sensory evaluation in quality control. Van Nostrand Reinhold, New York, 1992.

Müri R.M.: Wie wir die Welt sehen. IN: Unipress 113, Bern, Juni 2002, 17–18.

Nachtsheim R., Schlich E.: Die sensorische Wahrnehmung von Fett und deren Einfluss auf den Fettverzehr. IN: Ernährungsumschau 10, 2011, 530–535.

Nakagawa M., Mizuma K., Inui T.: Changes in Taste Perception Following Mental or Physical Stress. IN: Chemical Senses 21, 1996, 195–200.

Narain C., Paterson A., Reid E.: Free choice and conventional profiling of commercial black filter coffees to explore consumer perceptions of character. IN: Food Quality and Preference 15, 2003, 31–41.

Neilson A.J., Ferguson V.B., Kendall D.A.: Flavor Profile and Profile Attribute Analysis. Chapter 2 IN: Moskowitz H. (Hrsg.): Applied Sensory Analysis of Foods. Volume I. CRC Press, Boca Raton Florida, 1988.

Nelson G., Hoon M.A., Chandrashekar J., Zhang Y., Ryba N.J., Zuker C.S.: Mammalian sweet taste receptors. IN: Cell 106, 2001: 381–90. Zitiert nach Meyerhof W.:Geschmacksfragen – Neues aus der Ernährungsforschung. Mechanismen der Geschmackswahrnehmung und ihre Auswirkung auf das Essverhalten. In: Moderne Ernährung Heute No. 1, 2003.

Nestrud M.A., Lawless H.T.: Perceptual mapping of Citrus Juices using Nappe and profiling Data from Culinary Professionals and Consumers. 7th Pangborn Sensory Science Symposium, Minneapolis 2007, Poster 1.13.

Nicod H., Albertini C., Garrel C., Bremaud D., Cunault L.: Acceptability measurement: effect of the experimental context. 5th Pangborn Symposium, Boston 2003, Poster P72.

North, A. C.: Wine and Song: The Effect of Background Music on the Taste of Wine. O. J., http://www.wineanorak.com/musicandwine.pdf, Zugriff 5.6.2012.

Oberfeld D., Hecht H., Allendorf U. Wickelmaier F.: Ambient lighting modifies the flavour of wine. IN: Journal of Sensory Studies 24, 2009, 797–832.

O'Mahony M.: Who told you the triangle test was simple? IN: Food Quality and Preference 6, 1995, 227–238.

O'Mahony M.: Understanding discrimination tests: A user-friendly treatment of response bias, rating and ranking R-index tests and their relationship to signal detection. IN: Journal of Sensory Studies 7, 1992, 1–47.

O'Mahony M.; Rousseau B.: Discrimination testing: a few ideas, old and new. IN: Food Quality and Preference 14, 2002, 157–164.

ÖNORM DIN 10964 Sensorische Prüfverfahren. Einfach beschreibende Prüfung, 1997.

o.V.: Multidimensionale Skalierung. Beispieldatei zur Datenanalyse. Lehrstuhl für empirische Wirtschafts- und Sozialforschung, Fachbereich Wirtschaftswissenschaft, BUGH Wuppertal 2001. http://www.informatik.uni-osnabrueck.de/marc/lectures/zra_ss03/prgdat/mds.pdf

o.V.: Forschungsergebnisse für den Produktentwickler. Wie schmecken wir sauer? Neue am Sauergeschmack beteiligte Kanalfamilie identifiziert. IN: New Foods Nr. 52, 2002, 22.

Parr W.V., Heatherbell D., White K.G.: Demystifying Wine Expertise: Olfactory Threshold, Perceptual Skill and Semantic Memory in Expert and Novice Wine Judges. In: Chemical Senses, 27, 2002, 747–755.

Pasquet P., Monneuse M.-O., Simmen B., Marez A., Hladik C.-M.: Relationship between taste thresholds and hunger under debate. IN: Appetite 46, 2006, 63–66.

Passe D.H., Stofan J.R., Rowe C.L., Horswill C.A., Murray R.: Exercise condition affects hedonic responses to sodium in a sport drink. IN: Appetite 52, 2009, 561–567.

Pavlos P., Vasilios N, Antonia A, Dimitrios K, Georgios K, Georgios A: Evaluation of young smokers and non-smokers with electrogustometry and contact endoscopy. IN: BMC Ear, Nose and Throat Disorders 2009.

Pecore S., Kellen L.: A consumer-focused QC/sensory program in the food industry. IN: Food Quality and Preference 13, 2002, 369–374.

Pecore S., Stoer N., Hooge S., Holschuh N., Hulting F., Case F.: Degree of difference testing: A new approach incorporating control lot variability. IN: Food Quality and Preference 17, 2006, 552–555.

Perrin L., Symoneaux R., Maître I., Jourjon F., Pagès J.: Is Napping® reliable? An experiment applied to twelve wines from Loire Valley. 7th Pangborn Sensory Science Symposium, Minneapolis 2007, Poster PC 1.25.

Peryam D.R., Girardot N.F.: Advanced taste-test method. IN: Food Engineering 24, 1952, 58–61. Zitiert nach: Schutz H.G., Cardello A.V.: A labeled magnitude (LAM) scale for assessing food liking/disliking. IN: Journal of Sensory Studies 16, 2001, 117–159.

Peryam D.R., Pilgrim F.J.: Hedonic scale method of measuring food preferences. IN: Food technology 11, 1957, 9–14. Zitiert nach: Schutz H.G., Cardello A.V.: A labeled magnitude (LAM) scale for assessing food liking/disliking. IN: Journal of Sensory Studies 16, 2001, 117–159.

Piggot J.R., Mowat R.G.: Sensory aspects of maturation of Cheddar Cheese by descriptive analysis. IN: Journal of Sensory Studies 6, 1991, 49–62.

Pineau N., Schlich P., Cordelle S., Mathonnière C., Issanchou S., Imbert A., Rogeaux M., Etiévant P., Köster E.: Temporal Dominance of Sensations: Construction oft the TDS curves and comparison with time-intensity. IN: Food Quality and Preference 20, 2009, 450–455.

Piqueras-Fiszman B., Laughlin Z., Miodownik M., Spence C.: Tasting spoons: Assessing how the material of a spoon affects the taste of the food. IN: Food Quality and Preference 24, 2012, 24–29.

Poelman A.A.M., Mojet J., Lyon D., Sefa-Dedeh S.: Effect of information on organic production and fair trade on perception and preference of pineapple. A Sense of Identity, Florenz 2004, Poster.

Pusswald G., Auff E., Lehrner J.: Development of a brief self-report inventory to measure olfactory dysfunction and quality of life in patients with problems with the sense of smell. IN: Chemosensory Perception 2012, DOI: 10.1007/s12078-012-9127-7.

QIM Eurofish 2001 (Hrsg.), Martinsdóttir E., Sveinsdóttir K., Luten J., Schelvis-Smit R., Hyldig G.: Sensorische Bewertung der Frische von Fisch. Referenzhandbuch für die Fischereiwirtschaft.

R Development Core Team (2009). R: A language and environment for statistical computing. R Foundation for Statistical Computing, Vienna, Austria. ISBN 3-900051-07-0, URL http://www.R-project.org.

Reckmeyer N.M., Vickers Z.M., Csallany A.S.: Effect of free fatty acids on sweet, salty, sour and umami tastes. IN: Journal of Sensory Studies 25, 2010, 751–760.

Richter V.B., de Almeida T.C.A., Prudencio S.H., de Toledo Benassi M.: Proposing a ranking descriptive sensory method. IN: Food Quality and Preference 21, 2010, 611–620.

Rolls E.T., Rolls J.H.: Olfactory Sensory-Specific Satiety in Humans. IN: Physiology & Behavior 61, 1997, 461–473.

Rose G., Laing D.G., Oram N., Hutchinson I.: Sensory profiling by children aged 6-7 and 10-11 years. Part 1: a descriptor approach. IN: Food Quality and Preference 15, 2004, 585–596.

Rousseau B., O'Mahony M.: Investigation of the effect of within-trial retasting and comparison of the dual-pair, same-different and triangle paradigms. IN: Food Quality and Preference 11, 2000, 457–464.

Rousseau B., O'Mahony M.: Investigation of the Dual-Pair Method as a Possible Alternative to the Triangle and same-Different Tests. IN: Journal of Sensory Studies 16, 2001, 161–178.

Rummel C.: Lehrveranstaltung Humansensorik, Studiengang Ernährungswissenschaft, TU München 2004.

Rummel C.: Konventionelle Profile (QDA® und Spectrum™-Methode). Kapitel III.2.2. IN:

Busch-Stockfisch M. (Hrsg.): Praxishandbuch Sensorik, Behr's Verlag Hamburg, 08/2002.

Sauvageot F., Herbreteau V., Berger M., Dacremont C.: A comparison between nine laboratories performing triangle tests. IN: Food Quality and Preference 24, 2012, 1–7.

Schaible H.-G., Schmidt R.F.: Nozizeption und Schmerz. IN: Schmidt R.F. und Thews G. (Hrsg.): Physiologie des Menschen. Springer Verlag, Berlin, 27. Auflage 1997.

Scharf A.: Sensorische Produktforschung im Innovationsprozess. Schäffer-Poeschel Stuttgart, 1. Auflage 2000.

Schierz C.: Der Mensch im farbigen Licht. Lichttechnische Gemeinschaftstagung der Schweizer Licht Gesellschaft und der lichttechnischen Gesellschaften Deutschlands, Österreichs und der Niederlande in Bern, 2006.

Schiffman S., Knecht T.W.: Basic Concept and Programs for Multidimensional Scaling. IN: Ho C.-T.; Manley Ch. (Hrsg.): Flavour measurement. Marcel Dekker Inc, New York, 1993.

Schindlegger W.: Ursachen für Anorexie im Alter. IN: Journal für Ernährungsmedizin 3 (3), 2001, 7–11.

Schönhammer R.: Einführung in die Wahrnehmungspsychologie. Sinne, Körper, Bewegung. facultas.wuv Verlag 2009.

Scholderer J., Hyldig G., Green-Petersen D.: Effects of nutrition and health claims on consumer perception of off-flavours. 8th Pangborn Symposium, Florenz 2009, Poster.

Schubert B., Godersky C.: Entstehung von Geschmackspräferenzen. IN: Knoblich, Scharf, Schubert (Hrsg.): Geschmacksforschung. Oldenbourg Verlag GmbH, München, 1996.

Schutz H.G., Cardello A.V.: A labeled magnitude (LAM) scale for assessing food liking/disliking. IN: Journal of Sensory Studies 16, 2001, 117–159.

Sensometric Society: http://www.sensometric.org/

Shallenberger R.S.: Taste Chemistry. Chapman & Hall, London, 1993.

Silva R.C.S.N., Minim V.P.R., Simiqueli A.A., Moraes L.E.S., Gomide A.I., Minim L.A.: Optimized Descriptive Profile: A rapid methodology for sensory description. IN: Food Quality and Preference 24, 2012, 190–200.

Stiftung Warentest: Den Geschmack trainieren. test 04/2006, http://www.test.de, 9.12.2007.

Stoer N., Rodriguez M.: New method for recruitment of descriptive analysis panelists. IN: Journal of Sensory Studies 17, 2002, 77–88.

Stone H., Sidel J.L.: Sensory evaluation practices. Elsevier Academic Press, Amsterdam etc, 3. Auflage 2004.

Stucky G.J., McDaniel M.R.: Raw hop aroma qualities by trained panel. Free choice profiling. IN: Journal of the American Society of Brewing Chemists 55, 1997, 665–672.

Sune F., Lacroix P., de Kermadec F.H.: A comparison of sensory attribute use by children and experts to evaluate chocolate. IN: Food Quality and Preference 13, 2002, 545–553.

Swaney-Stueve M.: Do all kids' scales yield the same results? A comparison of liking scales. 5th Pangborn Symposium, Boston 2003, Poster P116.

Tang C., Heymann H.: Multidimensional sorting, similarity scaling and free-choice profiling of grape jellies. IN: Journal of Sensory Studies 17, 2002, 493–509.

Teillet E., Schlich P., Urbano C., Cordelle S., Guichard E.: Sensory methodologies and the taste of water. IN: Food Quality and Preference 21, 2010, 967–976.

Tejada L., Abellán A., Cayuela J.M., Martínez-Cacha A.: Sensorial characteristics during ripening of the Murcia al vino goat's milk cheese: The effect of the type of coagulant used and the size of the cheese. IN: Journal of Sensory Studies 21, 2006, 333–347.

Tepper B.J. und Nurse R.J.: PROP Taster Status is related to fat perception and preference. IN: Claire Murphy (Hrsg.): Olfaction and Taste XII. An International Symposium. New York Academy of Sciences 1998, 802–4.

Terrones H.N., Tinet C., Curt C., Hossenlopp J., Trystram G.: Descriptive sensory panel trained by internet. 4th Pangborn Symposium, Dijon 2001, Poster P051.

Van Toller S.: Assessing the impact of anosmia: Review of a questionnaire's finding. IN: Chemical Senses 24, 1999, 705–712.

Veinand B., Adam C., Godefroy C., Delarue J.: Highlight of important product characteristics for consumers: comparison of 3 sensory descriptive methods. 7th Pangborn Symposium, Minneapolis 2007, Poster.

Villarino B.J., Fernandez C.P., Alday J.C., Cubello C.G.R.: Relationship of prop (6-n-propylthiouracil) taster status with the body mass index and food preferences of filipino adults. IN: Journal of Sensory Studies 24, 2009, 354–371.

Visser J., Kroeze J.H.A., Kamps W.A., Bijleveld C.M.A.: Testing taste sensitivity and aversion in very young children: development of a procedure. IN: Appetite 34, 2000, 169–176.

Vögelin E.: Die Hand als Tastorgan. IN: Unipress 113, Bern, Juni 2002, 29–31.

Voirol E., Roberts D.: Influence of colour on the flavour perception of a „Café au lait". 4th Pangborn Symposium, Dijon 2001, Poster P023.

Wada Y., Tsuzuki D., Kobayashi N., Hayakawa F., Kohyama K.: Visual illusion in mass estimation of cut food. IN: Appetite 49, 2007, 183–190.

Wansink B., Kahn B.E.: The influence of assortment structure on perceived variety and consumption quantities. IN: Journal of Consumer Research 30 (2004), 519. Zitiert nach: Baumgartner A.: Farben machen Appetit auf mehr. IN: Tabula Nr 3, August 2004, 15.

Warendorf T.: Sensorik in der Qualitätskontrolle. Kapitel V.3 IN: Praxishandbuch Sensorik in der Produktentwicklung und Qualitätssicherung. M. Busch-Stockfisch (Hrsg.). Behr's Verlag, Hamburg 08/2002.

Warnock A.R., Delwiche J.F.: Regional variation in sweet suppression. IN: Journal of Sensory Studies 21, 2006, 348-361.

Warrenburg S.: Effects of Fragrance on Emotions: Moods and Physiology. IN: Chemical Senses 30 (suppl 1), 2005, i248–i249.

Welge-Lüssen A., Hummel T.: Praktisches Vorgehen bei Patienten mit Riechstörungen. IN: Hummel und Welge-Lüssen (Hrsg.) Riech- und Schmeckstörungen. Thieme 2009, 3–10.

Wendin K., Allesen-Holm B.H., Bredie W.L.P.: Do facial reactions add new dimensions to measuring sensory responses to basic tastes? IN: Food Quality and Preference 22, 2011, 346–354.

Wijk H., Berg S., Sivik L. Steen B.: Aspects of colour perception in an elderly Swedish population. IN: Proceedings of the Eighth Congress of the International Colour Association, 1997, 191–194. Tokyo, Colour Science Association of Japan. Zitiert nach Hutchings J.B.: Food Color and Appearance. Aspen Publishers, Gaithersburg Maryland, 2. Auflage 1999.

Witt M., Hansen A.: Strukturelle und funktionelle Grundlagen des Riechens. IN: Hummel und Welge-Lüssen (Hrsg.) Riech- und Schmeckstörungen. Thieme 2009, 11–26.

Woods A.T., Poliakoff E., Lloyd D.M., Kuenzel J., Hodson R., Gonda H., Batchelor J., Dijksterhuis G.B., Thomas A.: Effect of background noise on food perception. IN: Food Quality and Preference 22, 2011, 42–47.

Yackinous C.A., Guinard J.X.: Relationship between PROP (6-n-propylthiouracil) taster status, taste anatomy and dietary intake measures for young men and women. IN: Appetite 38 (3), 2002, 201–9.

Yoshida C.A.: Sense of the elderly in colour discrimination. IN: Proceedings of the Eighth Congress of the International Colour Association, 1997,108. Tokyo, Colour Science Association of Japan. Zitiert nach Hutchings J.B.: Food Color and Appearance. Aspen Publishers, Gaithersburg Maryland, 2. Auflage 1999.

Yven C., Raude J., Andriot I., Palicki O., Repoux M., Septier C., Woda A., Labouré H., Feron G., Guichard E.: The GOHAI: a new tool for panel selection. 8th Pangborn Symposium, Florenz 2009, Poster.

Zajonc 1968, zitiert nach Eder A.B.: Erklärungsmodelle für den Mere Exposure Effekt: Die affektive Qualität der perzeptuellen Geläufigkeit. Diplomarbeit, Innsbruck 2001.

Zenner H.P.: Die Kommunikation des Menschen: Hören und Sprechen. IN: Schmidt R.F., Thews G. (Hrsg.): Physiologie des Menschen. Springer Verlag, Berlin Heidelberg, 27. Auflage 1997.

Zhang G.-H., Zhang H.-Y., Wang X.-F., Zhan Y.-H., Deng S.-P., Qin Y.-M.: The Relationship between fungiform papillae density and detection threshold for sucrose in the Young males. IN: Chemical Senses 34, 2009, 93–99.

Zimmermann M.: Das somatoviszerale sensorische System. IN: Schmidt R.F. und Thews G. (Hrsg.): Physiologie des Menschen. Springer Verlag, Berlin Heidelberg, 27. Auflage 1997.

Zverev Y.P.: Effects of caloric deprivation and satiety on sensitivity of the gustatory system. BMC Neuroscience 2004, 5:5. Zitiert nach Baumgartner A.: Hunger schärft Geschmacksinn. IN: Tabula 2, 2004, 15.

http://de.wikipedia.org/wiki/Allel – Zugriff 7.2.2010

http://de.wikipedia.org/wiki/Facial_Action_Coding_System – Zugriff 22.1.2010

http://de.wikipedia.org/wiki/Fotosensitive_Ganglienzelle, Zugriff 13.12.2011.

http://de.wikipedia.org/wiki/Genotyp – Zugriff 18.1.2010

http://de.wikipedia.org/wiki/Haplotyp – Zugriff 18.1.2010

http://de.wikipedia.org/wiki/Phänotyp – Zugriff 18.1.2010

http://www.science.ulst.ac.uk/niche/morrissey.pdf – Zugriff 11.3.2004

www.wissenschaft.de/wissen/news/150408.html – Zugriff 27.02.2002

# Glossar

**2-AFC Test:** 2-alternativ forced choice test, eine *Unterschiedsprüfmethode*

**2-aus-5 Test:** *Unterschiedsprüfmethode*

**3-AFC Test:** 3-alternativ forced choice test, eine *Unterschiedsprüfmethode*

**Adaption:** Herabsetzung der Empfindlichkeit bei kontinuierlicher Reizung

**Ageusie:** Geschmacksverlust, der auch partiell (für eine *Grundgeschmacksart*) bestehen kann

**Agnosmie:** Unfähigkeit, wahrgenommene Gerüche zu erkennen

**Akzeptanztest:** Testverfahren um die Beliebtheit von Produkten zu messen

**Allel:** Ausprägungsform eines Gens

**α-Fehler (Irrtumswahrscheinlichkeit, Signifikanzniveau):** Wahrscheinlichkeit, einen Unterschied zu finden, wenn keiner vorhanden ist

**Amygdala:** Mandelkern, Teil des limbischen Systems

**Anosmie:** Geruchsblindheit, die auch partiell, das heißt nur für bestimmte Substanzen, vorliegen kann

**A-not A Test:** *Unterschiedsprüfmethode*

**Aroma fingerprint description:** deskriptive Methode, bei der die Testpersonen mittels Aromareferenzen geschult werden, und erst in einem zweiten Schritt Vokabular für die Produktkategorie generieren

**Aromawert:** Konzentration eines Aromastoffes im Lebensmittel, dividiert durch seine Geruchs-*Erkennungsschwelle* im Lebensmittel

**Aversionstest:** Konsumententest, bei dem die Entwicklung der Präferenz beim Verzehr größerer Mengen beobachtet werden kann

**Balanciertes Design:** Design für die Darreichung der Proben. Jede Probe muss gleich oft von jeder Person getestet werden und die Reihenfolge der Proben möglichst ausgewogen sein. Jedes Produkt sollte gleich oft vor und nach jedem anderen Produkt sowie gleich oft an jeder Stelle getestet werden

**Best-worst scaling:** Präferenztestmethode

**β-Fehler:** Wahrscheinlichkeit, keinen Unterschied zu finden, wenn einer vorhanden ist

**β-Kriterium:** Grenze, ab der ein Reiz beispielsweise als süß bezeichnet wird. Diese Entscheidung ist kognitiv und unabhängig von der Sensibilität der Testperson

**Binomialverteilung:** Diskrete Wahrscheinlichkeitsverteilung, die in der Sensorik vor allem bei *Unterschiedsprüfungen* Anwendung findet

**Bulbus olfactorius:** Riechkolben, in dem die afferenten Nervenfasern (Fila olfactoria) enden und durch Synapsen mit den Nervenzellen des Gehirns verbunden werden

**Carrier:** Produkte, welche die zu testenden Produkte normalerweise begleiten, z. B. Salat mit Dressing

**Category appraisal:** Wörtlich übersetzt: die Einschätzung/Bewertung einer Produktkategorie
Untersuchung sämtlicher sich am Markt befindlichen Produkte innerhalb einer Kategorie zur Identifizierung von Konsumentengruppen und potenziellen Produktinnovationen

**Chorda tymani:** Zweig des 7. Hirnnervs

**Clusteranalyse:** Multivariate statistische Methode, bei der Produkte oder Attribute in Gruppen **(Cluster)** zusammengefasst werden

**Code/Codierung:** Mehrstellige Zahl zur Verschlüsselung von Produkten, um Einflüsse der Produktbezeichnung auszuschließen. Farben und Buchstaben sind ungeeignet

**Deskriptive Methoden/Prüfungen:** Beschreibende sensorische Prüfmethoden

**Deuteranopie:** Grünblindheit, Form der Dichromatie (Zweifarbensehen)

**Difference from control Test = Degree of difference test:** Methode in der Qualitätskontrolle

**Diploid:** doppelter Chromosomensatz

**Dreieckstest:** *Unterschiedsprüfmethode*; auch *Triangeltest* genannt

**Duo-Trio-Test:** *Unterschiedsprüfmethode*

**Elektronische Nase:** Array aus Sensoren, die auf gasförmige Verbindungen reagieren

**Elektronische Zunge:** Array aus Sensoren, die auf in Flüssigkeit gelöste Substanzen reagieren

**Elektrogustometer:** Gerät zur klinischen Messung der Geschmackssensibilität, bei dem eine Elektrode in Prothesenmaterial eingebettet ist und auf verschiedene Zungenstellen gelegt wird

**Erkennungsschwelle:** Minimale Reizintensität, die eine qualitativ eindeutig beschreibbare Empfindung hervorruft

**Experimental design:** Statistische Versuchsplanung. *Experimental designs* sind universell einsetzbar und eignen sich zur Produkt- und zur Prozessoptimierung. Die Ergebnisse von neuen (noch nicht getesteten) Einstellungen können rechnerisch bestimmt werden

**Farnsworth-Munsell 100-Hue-Test:** Sortierverfahren zur Ermittlung besonders guter Farbunterscheider innerhalb der Gruppe der Farbtüchtigen. Der Test besteht aus 4 Sets (85 Farbreferenzen), die in die richtige Reihenfolge nach ihrem Farbton geordnet werden müssen

**Flavour Profile:** *Deskriptive Prüfmethode*

**Flash Profile:** *Deskriptive Methode*, bei der jede Testperson die vorliegenden Produkte mit ihrem eigenen Vokabular beschreibt, jedoch nicht in deren absoluten Intensitäten an einer Skala bewertet sondern *Rangordnungen* erstellt

**Food Technology Neophobia Scale:** Fragebogen aus 13 Items zur Identifikation von frühen Innovationsadoptoren – das sind Personen, die aufgeschlossen sind für Produkte, die mit neuartigen Technologien hergestellt werden

**Fractional Factorial Design:** *Experimental design*, das nur einen Teil aller möglichen Faktorstufen-Kombinationen enthält

**Free choice profiling:** *Deskriptive Prüfmethode*, bei der jeder *Panellist* mit eigenen Beschreibungen Produkte bewertet

**Full Factorial Design:** *Experimental design*, das alle möglichen Kombinationen der Faktorstufen enthält und die Schätzung der Haupteffekte sowie Interaktionen zwischen den Faktoren zulässt

**Genotyp:** individuelle genetische Ausstattung

**Grundgeschmacksarten:** Süß, sauer, salzig, bitter, *umami*; derzeit sind auch Fett und metallisch in Diskussion

**Haploid:** einfacher Chromosomensatz

**Haplotyp:** haploider Genotyp

**Hauptkomponentenanalyse:** Deskriptive statistische Methode, Sonderform der Faktoranalyse, zur Visualisierung hochdimensionaler Daten

**Hedonische Beurteilung/Prüfung:** Subjektive Beurteilung, also Akzeptanz oder Präferenz von Produkten, an einer geeigneten Skala, die verbal, numerisch unstrukturiert (Linie) oder graphisch sein kann

**Heterosmie:** Unfähigkeit, Gerüche zu unterscheiden

**Heterozygot:** mischerbig. Es sind zwei unterschiedliche Allele (Ausprägungen eines Gens) auf den beiden homologen Chromosomen (= Chromosomen, die die gleichen Gene haben) im menschlichen doppelten Chromosomensatz

**Homozygot:** reinerbig. Es sind zwei gleiche Allele (Ausprägungen eines Gens) auf den beiden homologen Chromosomen (= Chromosomen, die die gleichen Gene haben) im menschlichen doppelten Chromosomensatz

**Hyperosmie:** Verstärktes Riechvermögen

**Hyposmie:** Quantitative Riechverminderung

**In/Out Test:** Methode in der Qualitätskontrolle

**Intervallskala:** Metrische Skala, mit der über den Unterschied zweier Messwerte ausgesagt werden kann, ob er größer, gleich oder kleiner als der Unterschied zweier anderer Messwerte ist. Beispiel: Die Differenz zwischen den Temperaturen 8 und 10 °C ist genauso groß wie die Temperaturdifferenz zwischen 31 und 33 °C

**Ishihara Test:** Häufig verwendeter Farbsehtest, der kostengünstig ist und einfach und schnell durchgeführt werden kann. Farbige Zahlen und Linien sind auf einem gleich hellen, aber farblich unterschiedlichen Hintergrund abgebildet. Personen mit normalem Farbsehvermögen können Zahlen korrekt identifizieren. Für kleine Kinder oder Personen, die nicht lesen können, werden schlangenförmige Linien verwendet

**Kakosmie:** Geruchsstörung, falsche Geruchswahrnehmung von faul, unangenehm

**Kategorische Skala:** Skala mit Kategorien, die numerisch oder verbal sein können

**Kelly's repertory grid method:** wissenschaftliche Methode, um das Repertoire von Konstrukten bei Menschen zu erfassen. Wird u. a. bei Kindern eingesetzt

**Kinästhetisch:** durch die Sinne wahrgenommene Bewegung. Der Bewegungssinn zählt neben Lagesinn und Kraftsinn zur Tiefensensibilität

**Kreuzadaption:** Findet statt, wenn die *Adaption* auf einen bestimmten Reiz (z. B. Zucker) auch die wahrgenommene Intensität eines anderen Reizes (z. B. eines Süßstoffes) ändert (Shallenberger 1993: 29)

**Labeled affective magnitude scale (LAM):** *Hedonische* Skala, bei der die Abstände zwischen den Kategorien an den Skalenenden größer werden. Sie folgt dem Prinzip der *Verhältnisskala*

**Langeweiletest:** Testverfahren zur Feststellung, ob ein Lebensmittel bei Konsumenten Langeweile auslöst

**Limbisches System:** Funktionseinheit des Gehirns, wo u. a. Emotionen verarbeitet werden

**Magnitude estimation:** Skalierungsmethode, bei der Prüfpersonen entweder die Intensität von Attributen oder die Akzeptanz von Produkten mit Zahlen beurteilen, die im empfundenen Größenverhältnis zueinander stehen

**Median:** Mittlerer Wert. Jeweils gleich viele Werte sind größer beziehungsweise kleiner. Entspricht der 50. Perzentile

**Medulla oblongata:** verlängertes Mark, hinterster Gehirnteil

**Mere exposure Effekt:** Theorie, die besagt, dass ein Stimulus umso angenehmer empfunden wird, umso vertrauter man mit ihm ist

**Mixture design:** Optimierungsdesign (statistische Versuchsplanung), um optimale Mischungsverhältnisse von Zutaten zu ermitteln

**Mixture suppression:** Eine Mischung von mehreren Substanzen wird als schwächer empfunden als die Summe ihrer Bestandteile

**Multidimensionale Skalierung (MDS):** Deskriptives statistisches Verfahren um Ähnlichkeiten von Produkten oder Marken relativ zueinander zu visualisieren

**Napping:** neue Schnellmethode, bei der den Testpersonen sämtliche Produkte simultan angeboten werden, und die Proben von jeder Testperson auf einem Blatt Papier entsprechend ihrer Ähnlichkeit zueinander positioniert werden

**Nervus facialis:** Gesichtsnerv, 7. Hirnnerv

**Nervus glossopharyngeus:** Zungen-Rachen-Nerv, 9. Hirnnerv

**Nervus trigeminus:** 5. Hirnnerv

**Nervus vagus:** umherschweifender Nerv, 10. Hirnnerv

**Normalverteilung:** Glockenförmige Wahrscheinlichkeitsverteilung, die in vielen Fällen die Verteilung von *Stichproben* beschreibt

**Normosmie:** Normales Riechvermögen

**Nozizeptor:** Schmerzrezeptor

**Nullhypothese:** Die Hypothese, die wir auf Basis der Daten ablehnen möchten. Typischerweise jene Hypothese, die behauptet, dass kein Effekt oder Unterschied vorhanden ist

**Olfaktorische Spezifisch Sensorische Sättigung:** einige Minuten Riechen an einem Lebensmittel reduzierte die Annehmlichkeit dessen Geruches, während jene für andere Lebensmittelgerüche kaum absinkt

**OPDA:** Odor profile descriptive analysis

**Paarvergleich (merkmalsbezogener):** Unterschiedsprüfmethode, auch *2-AFC* (2-alternative forced choice test) genannt

**Panel:** Gruppe selektierter und trainierter Prüfpersonen, die regelmäßig für analytische Prüfungen eingesetzt werden

**Panellist:** Prüfperson innerhalb eines *Panels*

**Parosmie:** Geruchsstörung, verzerrte oder falsche Geruchsempfindung

**PCA:** Principal Component Analysis = *Hauptkomponentenanalyse*

**Phänotyp:** Erscheinungsbild eines Individuums, Summe aller morphologischen, physiologischen und psychologischen Eigenschaften

**Phantosmie:** Wahrnehmung nicht existenter Gerüche

**Population:** Gesamtmenge der Objekte (z. B. Personen), über die aufgrund der Ergebnisse eines Versuchs Aussagen gemacht werden sollen

**Positional relative ranking:** Präferenztestmethode

**Power:** Wahrscheinlichkeit, einen vorhandenen Unterschied zu finden = 1-(*ß-Fehler*)

**Präferenztest:** Verfahren, bei dem die relative Beliebtheit von Produkten durch Konsumenten gemessen wird

**Preference mapping:** Gruppe von Techniken, um die Präferenzen von Konsumenten für Produkte aufgrund deren sensorischer Attribute zu verstehen

**Profilattributanalyse:** *Deskriptive Prüfmethode*

**Pronasale Wahrnehmung:** Geruchswahrnehmung, wenn Geruchsstoffe direkt durch die Nase zur Riechschleimhaut gelangen

**Prop:** 6-n-propyl-2-thiouracil

**Protanopie:** Rotblindheit, Form der Dichromatie (Zweifarbensehen)

**P-Wert:** Wahrscheinlichkeit für das Zustandekommen des beobachteten Ergebnisses unter der Annahme, dass die *Nullhypothese* zutrifft.

**QDA:** Quantitative deskriptive Analyse – eine *deskriptive Prüfmethode*

**Randomisierung:** Zuordnung nach dem Zufallsprinzip

**Rangordnung:** Methode, bei der drei oder mehrere gleichzeitig dargereichte Proben anhand ihrer Intensität in einem bestimmten Attribut, ihrer Qualität oder ihrer Präferenz beziehungsweise Akzeptanz gereiht werden. Dabei erhält man keine Information über das Ausmaß der Unterschiede zwischen den Proben

**Ratewahrscheinlichkeit:** Wahrscheinlichkeit für eine richtige Antwort, wenn zufällig eine der möglichen Antworten ausgewählt wird

**Regio olfactoria:** Riechschleimhaut in der Nase

**Reizschwelle** oder Absolutschwelle: niedrigste Reizintensität, die gerade noch eine Empfindung hervorruft

**Response Surface Design:** *Experimental design* zur Optimierung

**Retronasale Wahrnehmung:** Gerüche werden während des Verzehrs eines Produktes durch die direkte Verbindung zwischen Mundhöhle und Nasenhöhlen (= *retronasal*) wahrgenommen, da Geruchsmoleküle von der Mundhöhle zur Riechschleimhaut aufsteigen. Die *retronasale* Geruchswahrnehmung wird oft mit Geschmack verwechselt.

**SACCP:** sensory analysis and critical control points

**Sättigungsschwelle:** Schwelle der maximalen Empfindung einer qualitativ eindeutig beschreibbaren Empfindung. Die Empfindung kann auch durch Reizverstärkung nicht mehr erhöht werden und es treten oft Schmerzen auf.

**Same/Different Test:** *Unterschiedsprüfmethode*

**Spectrum:** *Deskriptive Prüfmethode*

**Spezifisch sensorische Sättigung:** biologisches Programm, das dem Bedürfnis nach Wiederholung entgegenwirkt. Wir entwickeln eine kurzfristige Ablehnung gegen einen Geschmack, den wir gerade empfunden haben

**Stichprobe:** Auswahl von Objekten aus einer *Population*, die in einer Untersuchung tatsächlich beobachtet werden

**Symbolskala:** Fröhliche und traurige Gesichter, Smileys, Snoopies werden anstelle von Zahlen oder Worten eingesetzt. Vor allem für *hedonische* Tests mit Kindern verwendet

**$\tau$-Kriterium:** Entscheidung einer Testperson, ab wann eine Empfindung als unterschiedlich eingestuft wird. Diese Entscheidung ist unabhängig von der Sensibilität einer Prüfperson und lediglich psychologischer Natur

**Tabletop profiling:** junge Sensorikmethode, speziell für KMU's entwickelt

**Teststatistik:** Eine Funktion der Beobachtungen, die einer bekannten Verteilung (z. B. *Binomialverteilung*) folgt. Abhängig vom Wert der *Teststatistik* und dem *Signifikanzniveau* lässt sich entscheiden, ob die *Nullhypothese* verworfen wird oder nicht

**Texturprofilmethode, Texturprofilanalyse:** *Deskriptive Prüfmethode*

**Thermal taste:** bei raschem Abkühlen und Wiedererwärmen der Zungenspitze haben etwa 50 % aller Individuen ein Geschmacksempfinden

**Transduktion:** Umwandlung eines (mechanischen oder chemischen) Reizes in eine Änderung des Membranpotenzials einer Sinneszelle

**Triangeltest:** siehe *Dreieckstest*

**Tritanopie:** Blaublindheit, Form der Dichromatie (Zweifarbensehen)

**t-Test:** *t-Tests* für abhängige beziehungsweise unabhängige *Stichproben* sind parametrischer Tests, die Unterschiede zwischen 2 Subgruppen (z. B. Produkten) untersuchen.

**Umami:** *Grundgeschmacksart*, bedeutet auf Japanisch *köstlich*

**Unstrukturierte (Linien-)Skala:** Stufenlose Linienskala, ohne Fixpunkte

**Unterschiedsprüfung:** Gruppe von analytischen Prüfmethoden zur Untersuchung, ob wahrnehmbare Unterschiede zwischen ähnlichen Produkten bestehen

**Unterschiedsschwelle:** Steigerung der Reizintensität, die gerade noch wahrnehmbar ist

**Varianzanalyse (= ANOVA):** Statistisches Testverfahren zur Untersuchung des quantitativen Einflusses eines oder mehrerer Faktoren auf Versuchsergebnisse. Beispiel: Einfluss der Faktoren Produkt und *Panellist* auf die Intensitätsbeurteilungen des sensorischen Attributes sauer

**Verallgemeinerte Prokrustes Analyse (General Procrustes Analysis, GPA):** Multivariate statistische Methode, die vor allem für *Free choice profiling* und *Panel* performance verwendet wird

**Verbalskala:** Skala, deren Kategorien keine Zahlen, sondern Wörter sind, z. B.: sehr schwach – schwach – mittel – stark – sehr stark

**Verhältnisskala:** Prüfpersonen beurteilen entweder die Intensität von Attributen oder die Akzeptanz von Produkten mit Zahlen, die in richtigem Größenverhältnis zueinander stehen

**Zeit-Intensitätstest:** *Beschreibende Prüfmethode*, bei dem Attribute im Zeitverlauf beurteilt werden

# Index

Ebenso erhältlich:

## Eva Derndorfer

# Genuss

Über Epikur, Erdmandeln und
Experimente beim Essen

maudrich 2011, 216 Seiten,
durchgehend farbig, Hardcover
EUR 24,– (A)/EUR 23,40 (D)/sFr 33,90
ISBN 978-3-85175-939-6

Genuss ist in aller Munde. Aber was ist Genuss eigentlich? Was macht den
Genuss beim Essen aus? Wann ist ein Lebensmittel Genussmittel?
Welche Speisenkombinationen passen wunderbar zusammen – und warum?
Dieses Buch stellt neue Zusammenhänge rund um den kulinarischen Genuss
her. Unterschiedliche Genuss-Perspektiven von Köchen (Eckart Witzigmann,
Eva Rossmann u.v.m.) und Restaurantkritikern, Philosophen und Psychologen,
Naturwissenschaftlern und privaten Genießern werden dabei beleuchtet.
Den Ausklang des Buches bildet ein praktisches Genuss-Training.
Ein Buch für alle, denen wichtig ist, was sie essen und genießen, und die sich
beruflich oder privat für kulinarische Genüsse interessieren.